心静下来，找回自己

高　荣 编著

中国纺织出版社有限公司

内 容 提 要

在现代浮躁的社会，你是否已经迷失了自己，丢掉了曾经的梦想，活得浑浑噩噩？那么，不妨静下心来，坦然从容地前行，努力找回曾经的自己。

本书针对现代人的浮躁心理，分析了诸多引起人们焦虑的原因，并根据内心潜藏的"毒瘤"，如欲望、执着、纠结、苛求等，给予对应的心灵药剂，让人们在潜移默化中摆脱焦虑感、浮躁感，从而回归宁静的内心，找回久违的自己。

图书在版编目（CIP）数据

心静下来，找回自己／高荣编著. --北京：中国纺织出版社有限公司，2019.11（2020.3重印）
ISBN 978-7-5180-6226-3

Ⅰ.①心… Ⅱ.①高… Ⅲ.①成功心理—通俗读物
Ⅳ.①B848.4-49

中国版本图书馆CIP数据核字（2019）第098615号

责任编辑：李 杨　　责任校对：武凤余　　责任印制：储志伟

中国纺织出版社有限公司出版发行
地址：北京市朝阳区百子湾东里A407号楼　邮政编码：100124
销售电话：010—67004422　传真：010—87155801
http://www.c-textilep.com
中国纺织出版社天猫旗舰店
官方微博http://weibo.com/2119887771
三河市延风印装有限公司印刷　　各地新华书店经销
2019年11月第1版　2020年3月第2次印刷
开本：880×1230　1/32　印张：6.5
字数：122千字　定价：39.80元

前 言

　　现代社会，忙碌的生活，高压的工作，无法宁静的环境，让我们的心乱了，浮躁不安，一边抱怨着生活的乏味无聊，一边又懒得去改变这种现状，每天过着浑浑噩噩的日子，内心充满着焦虑，我们总叫喊着"努力着，拼搏着"，但脚步却总是迈不开，心也时刻在无力地等待着，不知道是在等待更糟糕的未来，还是在等待许久不曾希冀的自己。

　　我们的内心已很久不再平和，尤其是当自己尝试着去努力了，但有些事情依然无法改变，便会觉得命运就是这样吧，万般皆是命，半点不由人。时间长了，便不会再想着去努力了。到了一个终点，就是新路程的起点；获得了某种东西，就又开始有了新的欲望，枯燥无味的人生就这样轮回着，我们迷茫着，不知道自己想要什么，幻想过的未来好像永远不会到来。

　　其实，我们都不曾反思过，那些自己觉得再也摆脱不掉的焦虑，全都是因为心无法静下来，你的心是浮躁的，所以看什么都是浮躁的；你的心若是静下来，那你看什么都会是美好的。对每一件没有按照自己想法发生的事情，不要执着，不要觉得焦心，不要去执迷结果，而是注重踏踏实实的过程。只有把心静下米，你才可以重新思考人生，懂得分析事情的利弊，想出解决问题的办法，才有可能重新轻盈出发。

当然，让一颗浮躁的心静下来不是那么容易，因为有太多的欲望，因为有太多的情绪表达。让心静下来，首先得坦然面对人生的一切，不管是名利得失还是情感受挫；不管是事业重创还是日常琐事，我们都要保持淡定从容的心态，走好前进的步伐，守住欲望，回归原本的纯真，让浮躁的心寂静下来，这样才能收获真正的幸福。当你不再执着于一件事情，就会变得无欲则刚；当你不再追求一个得不到的东西，就会放松身心；当你不再贪婪而心变得简单时，你就找回了自己。

编著者

2019年2月

目录

第 1 章
宁静最美，安定最乐

人世间纷繁复杂，身处生活和工作的双重压力之下，我们常常在痛苦与快乐之间煎熬着。在物质的诱惑下，在尘世的喧嚣里，我们的心往往是焦虑的，无法宁静下来。事实上，所有的烦恼均源于不够心静。心若静下来，世界便会安定。

心若随喜，人生自然一片美好

一个人心灵的宁静越是不为恐惧所侵扰，就越是可能为欲望和期待所骚动。有时候，最不容易管住的是我们的心，今天要求这样，明天希望那样，总是翻来覆去，心猿意马。浮躁的心总也看不开人生的种种，看不开灯红酒绿，看不开金钱、权力、欲望，所以才会感觉人生烦恼多。

正所谓"心静自然凉"，当把心静下来之后，再回过头来看这个世界，是否会觉得烦恼丛生呢？有时候，不是因为看不开，而是因为没办法静下心来。

在生活中，我们因看不开所产生的烦恼、痛苦、绝望、发怒或者从容、自在、快乐的感觉，都源于我们内心。浮躁的心，往往会对我们的情绪产生影响，或悲或喜，或烦恼或自在，或绝望或希望。

人生总充满不如意的事情，佛法告诉我们，生命的无常是无法回避的，我们应该把心静下来，面对它、认识它、超越它、看开它。或许，许多对佛法陌生的人认为佛教是消极的，其实不然，佛教认为苦是一种客观存在。

世间的一切都有生住异灭的过程，生老病死、春夏秋冬，只要我们怀着一颗安静的心看待，一切都是可以看得开的。当自己被一颗浮躁的心所围绕，那我们看什么都是烦恼，什么都看不开。心若静下来，我们自然会看到生活中的许多美好，心情也一下子豁然开朗。

忙碌时，别忘记体味生活

每个人都有自己的生活方式，有些人整日忙忙碌碌，四处奔波，忙得没有时间照顾家庭，没有时间体味爱情，更没有时间悠闲地享受生活。当身体终于因为不堪重负而罢工的时候，他们才突然领悟到人生的真谛，意识到自己的忙碌其实没有太大的意义。相比之下，有些人则过着安逸悠闲的生活，充分地享受人生、享受美好的生活。尽管没有那么忙碌，尽管拥有的不多，但是他们的幸福感却非常强。这是为什么呢？主要是因为这两种人对待人生的态度不同。

人生就像一趟旅程，不知道何处是终点，最重要的在于过程。既然如此，我们没有必要使自己匆忙地往前奔，偶尔停下来，欣赏沿途的美景，岂不是一种收获？很多富人在离开这个世界的时候都觉得很后悔，因为他们觉得自己的一生始终在忙于追求财富，终了才知道财富是身外之物，因而后悔没有抽出更多的时间陪伴家人，陪伴孩子的成长。那么，对于人生而言最重要的到底是什么？虽然每个人都有不同的答案，但是有一点是肯定的，即并非身外之物。所谓身外之物，指的就是金钱、财富、物质。假如把金钱作为单纯的人生目标，那么即使拥有再多的钱，人生也必然是苍白的。相比之下，如今很多世界级的富豪都将自己的钱财拿出来用于做善事、救助那些需要帮助的人，以此实现自身的价值，这远远比一味地挣钱更有意义。诸如，美国著名投资理财专家巴菲特在遗嘱中宣布，会将自己超过300亿美元的个人财产捐出99%给慈善事业，以便能够为计划生育方面的医学研究提供资金以及为贫困学生提供奖学金。世界首富比尔·盖茨也在遗嘱中宣布拿出98%的财富给自己创办的以他和妻子名字命名的"比尔和梅琳达基金会"，这笔钱专门用于研究艾滋病和疟疾的疫苗，并且为世界贫穷国家提供各种各样的援助。因为这种公益行为，比尔·盖茨和巴菲特更好地实现了自己的人生价值，体味到了生命的真谛。当然，我们只是普通的凡人，没有显赫的家产可以去大范围地救助别人，但是，我们仍然可以更好地安排自己的生活，不要盲目地往前冲，应该用心地观察这个世界，了解人性的美好。很多时候，不仅仅是陌生人，我们身边的亲人也需要我们的关心，假如因为忙碌而忽视了他们，无疑是最大的损失。

自从大学毕业之后，为了创造美好的生活，明达就像是上紧了发条的闹钟一样，一刻不停地嘀嘀嗒嗒地走着。毕业第三年的时候，他就凭着自己的努力成了房奴。毕业第六年的时候，他给了女友一个盛大的婚礼，使其成为自己的妻子。结婚次年，他成了孩奴，紧接着为了便于带孩子出行，他又成了车奴。房奴、孩奴、车奴，就像是三座大山一样压在他的心上，使他一刻也不敢停歇。因为是做业务的，为了提升自己的销售业绩，他不断地公关，到处请客户吃饭、唱歌，每天都要到凌晨的时候才回家。

对此，他的妻子杜梅几次提出意见。然而，明达以"人在江湖，身不由己"为借口搪塞了。杜梅每天一个人辛辛苦苦地带孩子，还要操持家务。最重要的是，因为明达回家的时间很晚，与杜梅之间的交流越来越少。在不知不觉之间，杜梅的情绪越来越压抑，甚至到了抑郁的程度，然而明达却毫不知情。一天晚上，明达回家的时候突然发现家里空空如也，杜梅不在家，孩子也不在家。往日这个生机勃勃的家突然之间变得死气沉沉，明达在茶几上看到了杜梅不辞而别的信。杜梅倾诉了自己的苦闷，说不愿意再继续这样的生活，与其这样，不如自己一个人带孩子生活，至少不用每天晚上煎熬地等待他的归来。明达的心中不由得震颤了，他这才意识到自己已经忽略妻子和孩子太久了。尽管他说自己工作的动力就是为了给妻子和孩子更幸福的生活，但是却无意间深深地伤害了妻子的心，也错过了孩子成长的过程。明达请了年假，到千里之外杜梅的家乡去寻找杜梅和孩子。在那个偏僻的乡村，明达第一次静下心来观看日出和日落，认真地陪伴孩子玩乐。他突然发现，这种生活简直太美好了。明达发自内心地改变了，他向杜梅承诺，回到北京以后马上换工作，确保每天能够按时回家，周末的时候可以陪伴妻儿。

生活改变之后，明达发现自己的整个人生都不同了。以前的他整日步履匆匆，甚至从来没有陪伴妻儿去过一次公园。然而，如今的他每天都要陪伴孩子一起入睡，给孩子讲故事，周末的时候一家人其乐融融地四处游玩。虽然收入比以前少了，但是明达觉得这种生活简直太幸福了，内心的幸福感是无法言说的。明达很庆幸，是杜梅的离开使他找到了人生的方向，他简直不敢想象假如之前的那种生活持续下去，他将会错失多少生命的美好！

生活的方式有很多种，然而最终的目的却是相同的，即享受生命的美好。这就像是如今的人们经常讨论的一个问题一样，如何调和工作与生活之间的关系？首先，我们必须认识到生活是本质，而工作只是拥有美好生活的一个手段。这样想来，假如因为忙碌的工作而无暇体悟生活的美好，那么这样的工作就是没有意义的。现代社会的生活节奏越来越快，人们的生活压力也越来越大，很多人因为忙于工作而不顾惜自己的身体、不关心自己的家人，得到与失去，孰多孰少呢？其中的利弊我们必须用心权衡，毕竟，工作的目的在于更好地生活。停下来，气定神闲地享受美好的人生，感悟生活的美好！

调节好心情，驱散人生的乌云

人的一生，说长也长，说短也短。对于人生的追求，每个人的目的都是不同的，有的人追求金钱，有的人追求功名，有的人就像闲云野鹤，什么也不想要，只是想享受那份黯然和恬淡，更有人什么都想要，最终毫无所获。其实，归根结底，在离开这个世界的时候，不管你是富可敌国的大富翁也好，还是有权有势一人之下万人之上的位尊之人也好，你所拥有的和一个贫穷的地位卑微的乞丐是一样的，即内心深处的感受。具体来说，也就是你曾经感受过的美好、幸福和快乐！假如领悟到这一点，你就会幡然醒悟。原来，对于人生而言，除了幸福的感受之外，一切都是身外之物，生不带来，死不带去。既然如此，我们还有必要因为一些身外之物而争得你死我活吗？由此可见，要想在离开世界的时候无怨无悔，那么就要尽量放松自己的心情，使自己变得更加健康，享受到更多生活的乐趣。

然而，放松心情说起来容易，做起来却很难。好心情就像是一株娇艳的花朵，需要精心种植和栽培。不仅要有肥沃的土壤，还要有充沛的阳光和甘霖的雨水，更要有一颗宽容豁达的心。在生活中，人的欲望更加复杂，不仅希望自己有至爱的亲人，而且希望自己有心灵相通的朋友和卿卿我我的爱人。这样一来，朋友可以陪伴自己在生活和事业上志同道合，而爱人则能够与自己携手相伴，在天愿作比翼鸟，在地愿为连理枝。假如你能够同时拥有这些陪伴自己人生之路的家人、朋友和爱人，并且拥有天时、地利、人和的生存条件，那么你无疑是幸福的。遗憾的是，这种完美的生存条件却是可遇而不可求的，只能尽量争取，却无法强求。

要想使自己拥有好心情，更健康，更快乐，尽情地享受生活，首先要戒骄戒躁，这样才能给自己一个更加美好的心情土壤孕育好心情。众所周知，在生活中，人的欲望是无止无休的。假如你一不小心成为欲望的奴隶，被欲望所驱使和奴役，那么你就很难拥有好心情了。古人云，知足常乐。由此可见，要想拥有好心情，首先要降低自己的欲望，这样才更容易得到满足，也不会被低俗的欲望所束缚。对于一个身患重病的人而言，能够活着看着孩子长大，赡养父母，就是最大的幸福。对于一个贫困交加的乞丐而言，也许能够喝上一碗热汤饭、睡在屋檐下就是幸福。然而，对于健康人而言呢？大多数人租房的时候想买房，有了小房想换大房，有了大房想住别墅。一旦有了钱，还会觉得自己的糟糠之妻不能上台面，迫不及待地想要将其罚下场去。如此循环往复，无异于陷入恶性循环，不仅无休无止，而且不断恶化。因此，我们得出一个结论，要想放松心情，首先并且最重要的就是降低自己的欲望，使自己得到满足。

人的身体是一个非常奇怪的循环系统，很多时候，精神因素对于我们的健康起到很大的影响作用。因此，我们应该正确地对待自己的心情，不要让心情起伏跌宕地经历喜、怒、哀、惧。只有这样，我们的心情才会更加愉悦，我们的身体才会更加健康。现代社会，因为生活节奏的加快和生活压力不断增大，很多人都处于亚健康状态。此时，我们必须主动调节自己的情绪，才能坦然地面对生活的坎坷和挫折。

老张今年48岁，有一个儿子正在读大学。随着新的生产线投入使用，老张所在的纺织厂人员严重过剩，人人都有活儿干的时代突然之间一去不返。看着明晃晃的纺织机器一刻不歇、昼夜不停地劳作着，很多老工人突然之间找不到自己的人生价值了。毋庸置疑，单位下一步就会裁员。得知这个风声之后，老张愁得寝食不安。假如下岗了，如何供养儿子上大学呢？

愁归愁，很快，厂里就公布了第一批下岗人员的名单。老张因为年龄比较大、学历很低，所以名列榜首。拿着厂里给的几万元安置费，老张成天唉声叹气，不知道如何是好。正如人们常说的，屋漏偏逢连夜雨，不到三天，老张的血压就急剧升高，甚至起不来床了。这时，妻子安慰老张说："老张，事已至此，除了面对，发愁是不管用的。你看，我可以在小区门口摆个早点摊，这样一来，你的压力就没有那么大了。你可以慢慢地找份工作，等儿子上完大学，咱们就可以安享晚年了，你还发愁什么呢？儿子还有两年就大学毕业了，咱们怎么也能熬过去。"看着妻子坚定的眼神，老张的心里踏实些了。使他感到欣慰的是，妻子早点摊的生意非常好，很多邻居和过路的行人都成了老客户。老张原本要去找工作，但是早点摊的生意实在是太忙了，所以他只得去帮忙。一个月下来，出乎老张意料，他和妻子忙活早点摊的收入比上班的时候高多了。

正所谓人逢喜事精神爽，老张下岗两年多之后，非但供养儿子上完了大学，而且还和妻子租下了一间门面房，开了一家小饭馆。他的高血压也消失得无影无踪。如今的老张，面色红润，腰杆挺直，虽然忙一点儿、累一点儿，但是见人就笑呵呵的，精神特别好，身体也很健康！

故事中的老张，因为下岗，血压急剧升高。然而，在生活的坎坷和挫折面前，所有怯懦的行为都是于事无补的。只有勇敢地站起来，迎难而上，才能够柳暗花明又一村，找到自己的人生价值，找到自己在社会生活中的位置。俗话说，人就活一口气，假如这口气泄了，那么人的精神就垮了。只要精气神还在，再大的困难也无法难倒我们！为了使自己的身体更加健康，拥有自己想要的人生，我们必须挺直腰杆，面对困难！

很多时候，只要心情好了，做事情就会非常顺利；相反，假如总是愁眉苦脸，那么霉运也会与你结伴而行！所以，我们要学会用好心情驱散人生的乌云，笑对人生的风风雨雨！

洗涤心灵，让自己变得简单

有人曾经说过，这个世界并不缺少美，只是缺少发现美的眼睛。同样的道理，在人人都抱怨人心叵测、世事难料的今天，我们也可以说，世界其实并不复杂，只是因为你看世界的眼睛不够简单。早在初中时代学习物理的时候，我们就知道眼睛之所以能够看到实物是因为折射的原理。其实，假如把这个原理上升到抽象的高度，也同样是适用的。假如你的心中充满了善念，那么你看到的世界就会是非常善良而美好的；假如你的心中充满了邪恶，那么你看到的东西就都是丑陋和邪恶的；假如你的心非常复杂，那么你看到的一切无疑都是复杂的，使人难以捉摸；假如你看世界的眼睛是简单的，那么世界就会在瞬间变得简单。

生活中，充满着各种各样的烦恼和邪恶。然而，这一点儿都不妨碍有些人生活得简单而又快乐。但是，在同样的环境中，甚至在更好的生存条件下，有些人却生活得很累，觉得整个世界都是居心叵测的。究其原因，在于人心的不同。作为成人，我们常常喜欢盯着婴儿的眼睛凝神细思。对于婴儿来说，世界无比简单，充满了爱，充满了美好。这是因为婴儿有着一颗赤子之心，心无杂念。同样的世界，成人眼中折射出来的形象与婴儿的截然不同，充满了尔虞我诈、钩心斗角。由此可见，要想使世界变得简单，首先要使自己变得简单，最重要的是要有一颗赤子之心。

正如《三字经》所云，人之初，性本善。刚刚来到这个世界的婴儿，就像是一张洁白无瑕的纸，染黑则黑，染黄则黄。刚刚步入社会的大学生也像是一页白纸，没有任何社会经验。所不同的是，婴儿不加选择地接纳这个世界，而大学生则已经有了辨别是非的能力。即使这样，也无法阻止这些大学生被社会的大染缸染得五颜六色。刚开始的时候，每个人都有梦想。然而，在经历各种各样的事情之后，绝大多数人都妥协了，为了生存，为了更好地生活。只有少数人，还在坚持着自己的梦想，还在坚持着自己做人的原则，即使遍体鳞伤，也从不后悔。这样的人，即使到了老年时代，也依然有着一颗赤子之心，他们不会轻易地抱怨，只是默默地接受，发自内心地感恩。这样的人，是一个简单的人。假如这种人多一些，那么世界就会变得更加简单一些。你也想得到一个简单干净的世界吗？那么，首先使自己变得简单起来吧！很多事情，并非牵涉原则性的问题，或黑或白，或对或错，原本没有那么重要。重要的是你内心深处的感受！

穿行在周庄古镇之中，无意间发现一家极具特色的银饰店。店面不大，摆放着很多做工精细的手镯、项圈、发簪等饰物，古朴雅致，韵味天成，使我爱不释手。在琳琅满目的商品中，一个缠枝莲图案的苗银手镯映入我的眼帘。

经过一番讨价还价之后，我和店主说定以72元成交。我迫不及待地把镯子戴在手腕上，同时，掏出一张百元大钞付账。店主在腰包摸索了一番之后，不好意思地笑了笑，说："对不起，没有零钱找给您，您稍等片刻，我去换一下，马上就来。"店主说完转身就走，踏着青石板路径直朝巷子深处走去，剩下我一个人守着这个银饰店。

我守在原地等候着，然而，5分钟过去了，店主还是不见踪影。

导游不耐心地催促说："赶紧跟上，不要掉队。"同行的朋友也好心地提醒我："她可能是故意以换钱为借口躲开了，假如你等不及了，也许就会自己走开。对付这种人很简单，你只要再拿她一个镯子就扯平了，也算给她一个教训。"看着这些古朴的银饰，我笑着摇了摇头。

导游催促得太急，我只好跟随团队走过沈厅，踏过双桥，沿着水巷一路前行。突然之间，我听到身后有人在喊："小妹，等一下！"我转过身，看到店主正气喘吁吁地向我跑来。

店主是一个年轻的女子，她的额头上渗出细密的汗珠，一边喘着粗气一边说："跑了几家店铺才换开，回来才发现你已经走了。这是找你的28元，你点一下吧。"

我不好意思地笑了，为自己没有等待店主而羞愧："我以为……"没等我说完，店主就爽快地打断我的话说："钱可买不来咱们这里的声誉。"

我从心底里泛出欢喜，不仅因为失而复得的28元，更为店主的善良与守信。

也许，她只是众多店主中的一个，但是，她的言行就像一滴水一样，折射出这座古镇的珍贵品质。即使岁月流转，多年以后，我依然会清晰地记起这充满诗意的一幕。

在这个事例中，虽然"我"刚开始的时候选择信任店主，但最终还是没有坚持自己的信任。然而，气喘吁吁地跑来给"我"送钱的店主使"我"对于人性恢复了信心。店主说得对，钱买不来声誉。在这个世界上，有很多东西都比钱更加重要。而"我"呢？"我"在赤子之心与对人心险恶的怀疑之间游走，事实证明，以简单的心看待世界将会得到更多的快乐！虽然事情的结局并非是最完美的，但是，曲折的经过恰恰证实了人性的美好！

也许，多年以后"我"已经记不清楚周庄的美景，但是"我"一定会记得在这小桥流水人家之间发生的一幕！要想拥有简单的世界，要想使别人简单地对待你，你首先要洗涤自己的心灵，使自己变得简单起来！

遵从内心的感受，快乐由你选择

快乐其实真的很简单，它在于你的内心，在于你的感受。同样是一天，有人过得快乐幸福，有人却过得悲伤抑郁。所以说，懂得去发现快乐，学会去感受快乐，这也是一种智慧、一种气度。纷繁复杂的世界里，有喜有悲，很多人已经把快乐完全寄托在外界事物上，而不懂得遵从内心的感受，于是，各种痛苦也就接连不断地出现。其实，快乐的本质只是一种简简单单的内心体验而已，不要给它附加一系列的条件。学会知足，学会珍惜，你就是快乐的。世上没有绝对快乐的人，只有不肯快乐的心。

快乐常见的表达方式是笑。有人说，笑容满面那是快乐的象征；有人说，家和万事兴是快乐；有人说，有了亲人朋友就快乐；也有人说，有了钱就快乐。到底什么才是快乐呢？快乐是什么？快乐是每一位母亲忙碌的身影。快乐是什么？快乐是每一位父亲斥责的声音。快乐是什么？快乐是每一位老师真心的称赞。快乐是我们生活中的每件小事。快乐是人与人相处中的点点滴滴。快乐不快乐，只是心态问题。调整好自己的心态，学会满足才能使我们变得快乐起来。否则，快乐就会离我们而去。快乐是一种心理感受，要不要快乐由你自己决定。

1.珍惜我们当下的生活

懂得珍惜，才会满足，才会快乐。不要抱怨，不要攀比，相信自己拥有的已经足够美好。很多人在拥有的时候不知道去珍惜，直到失去了才追悔莫及，那么，整个过程都是不快乐的。快乐很简单，只要我们善于发现生活中的美，感恩我们拥有的这一切美好，那么，我们的烦忧也就会随风而逝。

2.知足常乐

知足常乐这个词被多少人挂在嘴边用来劝慰自己，可是又有多少人能够真正地做到呢？现如今，人们的物质生活越来越充裕，但这也永远满足不了人们的欲望。不懂知足，就不会真正地快乐。欲望无止境，学会克制，学会享受满足的那种感受，才会发现快乐真的很简单。

3.少一点计较

不快乐是因为有时候我们计较的太多，付出的太少。有时候要想想，赠人玫瑰，手有余香。我们付出了，我们用真诚、感恩的心对待别人了。那么做人的过程才是最重要的，因为我们付出与感恩的同时，收获的是满满的快乐！

4.拥有良好的心态

有什么样的心态，就会有什么样的人生。积极的心态能帮人们获得健康、快乐和富有，而消极的心态带给人们的只会是疾病、痛苦和贫穷。人要想改变人生，首要条件就是改变心态。只要心态是正确的，世界就会布满光明。

人要活得快乐，就必须有一个好心态。无论遇到什么事，换个角度去思考，就会感到快乐。幸福的人生一定要有正确的思想观念，在正确的思想观念指导下才会有正确的行为，正确的行为多次重复形成正确的习惯，正确的习惯就会塑成良好的性格，从而造就幸福美好的人生。

修炼心性，凡事泰然处之

生活中，我们常常感叹什么是幸福。其实，幸福很简单，它就是父母端上桌的热腾腾的饭菜、恋人手中的玫瑰、重获新生的喜悦、雨后的阳光、一件漂亮的衣裳、看电视剧情不自禁爆笑的瞬间……幸福往往就是那些我们容易忽视的感受，需要我们用心感知。然而，我们生活的周围，人们似乎总是因为一些事情而看不到幸福的存在：他们有的整日愁眉苦脸，小小的事情就能使他不安、紧张，几乎每一件事情，都会在他的心中盘踞很久，造成坏心情，影响生活和工作；有的脾气暴躁，一点小事就会触及他的神经，甚至与人怒目相向；有的总是不断抱怨生活，抱怨工作太辛苦、薪水太低；有的心眼如针，一旦发现他人犯错，便大加指责，咄咄逼人，引起别人的憎恶……这些人幸福吗？当然不！那么，他们为什么不幸福？因为他们太情绪化！可以说，生气的情绪，犹如一颗定时炸弹，将严重影响我们的正常生活，使生活失去原本平和的美丽。因此，如果你渴望抓住幸福，就应该首先修炼心性，只有做到对世间万事万物都能泰然处之，待人处世不温不火，才能以一种平和的心态迎接幸福。

事实上，心性好坏与否，对于他人而言所产生的影响力倒是次要的，它最重要的作用是对个人心态的影响。而个人心态直接影响的是个人的命运、成败得失、是否幸福等。

心性健康的人，他们的眼里都是美好的事物，如阳光、欢乐、温暖、健康，当他们遇到危险的时候，他们会有回避的能力，因此，他们有意愿并且有能力把日子过得顺心，即使遇到挫折，也能自我调整，能较自然地处在一种对事物的全面理解中。相反，那些心性不好的人，很明显，因为关注的视角不同，他们的生活是不幸福的。

然而，现实生活中，却有一些人特别容易情绪化，遇喜则喜，遇悲则悲，如遇不满，甚至破口大骂，很多不文明的举动相继爆发出来，形象全无。事实上，日常工作和生活中，令我们生气的事情实在太多，我们根本不必要去愤怒，我们大可把关注的视角放在事物的另外一方面，对这一方面的联想往往能使我们心平气和下来。长此以往，你便能修炼良好的心性。所谓的心性，其实就是一个人的善恶成分，好与坏，正确与错误，如何判断自我与外界关系的一种综合反映。

美国的一位心理学家说："我们的恼怒有80%是自己造成的。"而他把防止激动的方法归结为这样的话："请冷静下来！要承认生活是不公正的。任何人都不是完美的，任何事情都不会按计划进行。"

聪明人深知，即使生气了也挽回不了什么，徒增许多怨气，于是，他们选择不生气；愚蠢的人，他们总是看到事情的表面，凡事喜欢生气，总认为生气是自己的专利，殊不知，时间久了，生气成为自己的本性。做一个聪明人，还是愚蠢的人，关键看你如何去选择。

第 2 章
贪念一起即成魔，不如知足常乐

生活中，每个人都充斥着各种欲望，或物质，或权力，或情欲，贪念一起即成魔。欲望是无法满足的，不管人们得到了什么，他们仍觉得不知足，所以常常感到不快乐。这时不妨放下欲望，知足常乐。

内心的欲望是枷锁，禁锢了你的自由

人生就是一次奇怪的旅程，有的人跌跌撞撞，在人生中迷失了方向；有的人怡然自乐，微笑面对生活，最终把握了人生的幸福。也许，你会感到疑惑，怎么会出现这样迥然不同的局面？因为，在人生的旅途中，除了美丽的风景，还有很多的诱惑，而每个人内心都有一个魔鬼，那就是欲望。当那些诱惑出现在你面前，就会激发你内心的欲望，为了满足内心的欲望，你会奋不顾身、倾尽一生，极力追求，所以，你会在人生的路上跌跌撞撞，找不到失去的自我，痛苦地煎熬着。

每个人都有这样或那样的欲望，有的人喜欢权力，有的人喜欢金钱，有的人喜欢幸福，有的人渴望快乐。在他们的生活中，缺少什么他们就渴望什么，而且这样的欲望是惊人的。因为欲望本身就是难以满足的，不断地循环下去，欲望越滚越大，扭曲了内心，他成为欲望的奴隶。欲望无边境，一切适可而止吧。

于连出生在小城维立叶尔郊区的一个锯木厂家庭，从小身体瘦弱，在家中被看成"不会挣钱"的不中用的人，经常遭到父兄的打骂和奚落。卑贱的出身使他常常受到社会的歧视，对此，从小他就聪明好学，在一位拿破仑时代老军医的影响下，崇拜拿破仑，幻想着通过"入军界、穿军装、走一条红"的道路来建功立业、飞黄腾达。

14岁时，于连想借助革命建功立业的幻想破灭了。这时他不得不选择"黑"的道路，幻想进入修道院，穿起教士黑袍，希望自己成为一名"年俸10万法郎的大主教"。18岁，于连到了市长家中担任家庭教师，而市长只将他看成拿工钱的奴仆。在名利的诱惑下，他开始接触市长夫人，并成为市长夫人的情人。

后来，与市长夫人的关系曝光之后，他进入贝尚松神学院，投奔了院长，当上了神学院的讲师。后因教会内部的派系斗争，彼拉院长被排挤出神学院，于连只得随彼拉来到巴黎，当上了极端保皇党领袖木尔侯爵的私人秘书。他因沉静、聪明和善于谄媚，得到了木尔侯爵的器重，以渊博的学识与优雅的气质，又赢得了侯爵女儿玛蒂尔小姐的羡慕，尽管他不爱玛蒂尔，但他为了抓住这块实现野心的跳板，竟使用诡计占有了她。得知女儿已经怀孕后，侯爵不得不同意这门婚事。于连因此获得一个骑士称号，一份田产和一个骠骑兵中尉的军衔。于连通过虚伪的手段获得了暂时的成功。但是，尽管他为了跻身上层社会用尽心机，不择手段，然而最终功亏一篑，付出了生命的代价。

有人说，于连身上有着两面性的性格特征。于连最后在狱中也承认自己的身上实际有两个我：一个我是"追逐耀眼的东西"，另一个我则表现出"质朴的品质"。在追逐名利的过程中，真实的于连与虚伪的于连互相争斗，当然，他本人内心也是异常痛苦的。最终，因不断地追求名利，让自己心力交瘁。

欲望就像毒品，是会上瘾的，当你一次满足之后，就会不断地想要更多的欲望，那根本就是一个无法填满的无底洞。当然，每个人都有一定的欲望，这是正常的，可以促使我们不断地奋进，也是一种自我肯定。但是，如果你的欲望过于强烈，就不再是对自己的肯定，相反会进而否定或忽视别人的存在。人被欲望所控制着，成为欲望的奴隶。学会放下欲望的人是自由的，因为没有了禁锢，他没有了烦恼，所以是自由的。也许，在你的心中也会有种种的欲望，或金钱，或权力，但是，如果你要想赢得自己的人生、赢得幸福，那就放下欲望，适可而止。

谁也不记得欲望是怎么来的，它似乎是人类与生俱来的。即便是一个刚刚诞生的小生命，随着时间的发展，欲望也会在他身上不断地演变和繁殖。有物质上的衣食住行，有精神上的尊重、认可、快乐、自信、幸福、自由，这些不同的欲望在不同的时间、不同的地点、不同的人身上尽情表演着，构成了多彩纷呈的世界，点缀了千姿百态的人生。

人类是欲望的产物，而生命则是欲望的延续，人不可能没有欲望。欲望也不会停止，它会伴随着人的一生。欲望的存在是无可厚非的，但是，人类是高级动物，控制自己的欲望，甚至放下自己的欲望，这也是可以做到的。一个人就像是一条欲望的溪流，它流淌的不是溪水，而是人的各种欲望。

欲望如水，亦能载舟，也能覆舟，就看你如何去对待了。很多时候，我们抱怨生活太痛苦，其实就是内心的欲望无形之中为自己戴上了枷锁，禁锢了自己的自由与生命。那么，当你感到沉重的时候，不妨放下内心的欲望，跨越生命，赢得自己的人生。

驾驭欲望，安守你的内心

人们常说，知足常乐。古代先哲老子也曾说过，祸莫大于不知足，咎莫大于欲得。至今，这句话依然影响至深，只有深刻理解这句话的含义才能洞察生命的意义，获得充实丰厚的人生。从老子之后，很多人都提倡知足常乐。的确，大多数罪恶都来自不知足，人们在欲望的深渊中越来越滑落深处，根本无法从容享受人生。然而，无数的春风得意之人，都因为贪婪导致坠入深渊，轻则成为阶下囚，重则走上断头台。不得不说，欲望对于人的负面影响的确很深。

然而，我们不能否定欲望对于人生的激励和促进作用。例如很多人之所以一路向前，不知疲倦，就是因为他们在欲望的驱使下动力十足，所以才能不断追逐人生，不断奔向自己的理想和目标。不过，人生的追求是永无止境的。我们要想把握人生，就要成为自己的主宰，控制自己的欲望，真正做到知足常乐。

很久以前，有个天使来到人间送信，不小心睡着了，被人偷走翅膀，不得不遗落人间。天使失去翅膀，无法回到天堂，在人世间的生存能力甚至不如普通人。他又冷又饿，饥寒交迫，好不容易才来到一户人家门前。他敲着门，口中不停地说："我是天使，请开开门吧。"

这户人家的主人打开门，看到浑身湿漉漉的天使，问："你是天使，你有什么礼物可以送给我们呢？"天使为难地说："我失去了翅膀，无法回到天堂，所以什么礼物都没有。"这户人家听到天使的回答，马上关上门，说："既然你没有翅膀，也没有礼物，你就不是真正的天使。"

随后，天使接连敲开第二户和第三户人家的门，但是都被拒绝了。直到敲开牧羊人的门，天使才得到牧羊人馈赠的衣服，换下湿漉漉的衣服。这时，他才有闲暇向牧羊人讲述自己的经历。牧羊人听完天使的讲述，说："就算你不是真正的天使，我也会给你热乎乎的食物。假如你没有其他事情可做，不如留在我的家里，和我一起放牧羊群吧。"天使想了想，觉得自己在人间的确缺乏生活的技能，不如留在牧羊人身边。

每次为羊梳理羊毛时，天使都会收集那些掉落的羊毛，渐渐地，他积累了很多羊毛，终于可以为自己编织一双翅膀。有一天，他在牧羊人的注视下飞上天堂。几天后，天使特意从天堂回到牧羊人身边，感谢牧羊人。他满足了牧羊人的心愿，为牧羊人增加了100只羊。然而，牧羊人感到很累，因为这么多羊，羊圈里根本放不下。所以，牧羊人又向天使要了一座大房子。这样一来，虽然羊有地方住了，大房子打扫起来却非常辛苦。最终，牧羊人决定不要大房子，而是要一匹骏马。但是他骑着骏马在草原上纵横驰骋，却不知道自己要去哪里，无奈之下，他只好把马还给天使。天使继续询问牧羊人有什么心愿，牧羊人却疲惫地告诉天使自己不想要任何东西。天使很纳闷，反问："你们人类不是有很多欲望的吗？"牧羊人无奈地摇摇头说："我拥有得越多，我就发现那些东西都是累赘，根本不可能让我得到我想要的幸福快乐。"天使说："我不如送给你一件举世罕见的珍宝，那就是性格。你告诉我，你想要拥有怎样的性格？"牧羊人微笑着接连摇头，说："我已经有了人世间最好的性格，那就是知足常乐。"

的确，一个人即便拥有再多的钱财，也只需要睡一张床，吃一日三餐。所以，当拥有很多之后，人们才会发现拥有得越多，就会感到越多的累赘，也会觉得人生其实并不需要那些身外之物。所以要想更好地面对生活，我们就要非常努力，奔向自己心中的目标，而又要适当控制自己的欲望，让自己始终伴随知足的快乐，也更多地感受人生的幸福安然。

当然，知足常乐并非自欺欺人，也不是掩耳盗铃，而是要清心寡欲，驾驭自己的欲望，主宰自己的人生。正如现在很多人提倡的简单生活一样，唯有极致极简，我们的人生才能渐渐回归生活的真谛与本相。举个最简单的例子，一个有钱人即使再富裕，如果始终被欲望驱使着，那么他也是一个穷人，因为他得不到内心的宁静。反之，一个穷人即使再穷，如果能够安守自己的内心，从而让自己的人生平安喜乐，那么物质上的匮乏并不能减少他心灵上的幸福与安宁。

耐得住寂寞，才能受得住繁华

人生是短暂的，也是漫长的，如同白驹过隙，幸福快乐的时光转瞬即逝，然而在艰难的时候，每一分每一秒都是难熬的。虽然少数人的人生看起来是非常成功的，无比光鲜荣耀，但是大多数人的人生却是平凡的。尽管我们总是把"人生可以平凡，但却不能平庸"的口号挂在嘴边，然而我们却无法改变使人遗憾的事实，即大多数人的人生都是平庸的。

在琐碎的生活中，我们常常无奈地重复生活的单调枯燥，也必须忍受生活中那些一地鸡毛、不值一提的小事情。毋庸置疑，不管我们多么心有不甘，命运都注定我们要接受生活的平静淡然和烦琐。为了避免生活继续沉沦下去，我们必须端正心态，始终保持心静自然凉。既能接受生活的平庸和烦琐，也能坦然面对命运的坎坷和磨难，更能够从容拒绝人生中的诸多诱惑，从而让自己的人生淡定平和、从容不迫。很多朋友都知道，人尽管很大程度上受到客观外界的影响，但是更多的时候，人生的状态取决于人的心态。所谓心态决定命运，说的就是这个道理。所以从现在开始，朋友们，不要再抱怨命运不好，也不要抱怨工作不够理想。要知道，那些成功者之所以能够获得成功，就是因为他们勇敢地突破了人生的局限，改变了命运，而且还坚信"三百六十行，行行出状元"的道理，从而始终兢兢业业、勤奋刻苦，最终在平凡的道路上创造了属于自己的辉煌人生。

实际上，对于喧嚣的现代社会，以及不甘于寂寞的现代人而言，寂寞是最难以承受和忍受的。众所周知，这个世界上没有任何一蹴而就的成功，这也就注定我们在走向成功的道路上，必然要忍受寂寞与孤独，有的时候还要坚持自己的想法和做法，忍受别人无情的嘲弄和讽刺。只要我们怀着一颗坚定不移的心，就一定能够战胜这些困难和磨难，始终保持积极奋进的心态，从而奔向人生的成功目标。但是，当我们真的战胜寂寞，其实我们距离成功也就越来越近了。

很多人都喜欢刘若英淡淡的声音，对于刘若英的铁杆粉丝而言，他们也更清楚刘若英在成名之前的寂寞心路。在美女如云的演艺圈，刘若英无疑不是最漂亮的，甚至长相很普通，这一度给她勇敢追求自己的梦想形成了阻碍。当初为了获得成功，刘若英不但亲自到处发放自己录制的小样，而且还想方设法去与演艺圈相关的地方打工，从而为自己争取更多的机会。

曾经，有位歌坛大名鼎鼎的音乐人在认识刘若英之后，毫不留情地对刘若英说："你相貌平平，而且声音也没有什么特色，我觉得你还是放弃唱歌这条路吧。"对于心怀梦想的刘若英而言，可想而知这句话的杀伤力，但是刘若英并没有因此而气馁，更没有放弃自己的梦想之路，而是继续在与演艺有关的公司从事着最烦琐的助理工作。为了实现梦想，她始终在距离自己梦想最近的地方漂泊。功夫不负有心人，刘若英的坚持和默默付出，终于得到了回报。她得到了知名音乐人的赏识，这个人就是她的师傅陈升。在陈升的推荐和努力帮助下，刘若英终于正式踏上演艺之路，这也是刘若英至今对师傅依然心怀感激的原因。

在坚守梦想的过程中，刘若英必然要面对很多诱惑。尤其是当坚持没有效果的时候，刘若英必然因此时常感到沮丧失望。然而，她却始终忠于梦想，而且为了实现自己的梦想，一直兢兢业业地付出。要知道，梦想总是在人生的不远处，对于执着的人而言，梦想时常触手可及。然而，有些人却因为禁不住诱惑，导致渐渐偏离人生的方向，远离梦想，这也直接导致他们追梦的失败。所以朋友们，在实现梦想的过程中，不管面对的是冷嘲热讽还是真心赞美，我们都要足够淡然平静，这样才能最大限度地拒绝诱惑，受得住清贫和寂寞，从而始终为了梦想踯躅前行。

正如人们常说的，耐得住寂寞，才能受得住繁华，这恰恰是人生的真实写照。我们唯有成功度过人生之中的艰难坎坷，才有机会收获人生的美好，也才能让自己的心在人生的旅途中不断沉淀，变得厚重、坚实。

心安则事安，合理掌控欲望

现代社会，很多人都在奢望得到"非分"之福。有些工作稳定的人，偏偏想要利用业余时间搞点儿副业，为自己挣些外快，甚至因此损害国家利益；有些家有贤妻的人，偏偏想要在外面还有柔情蜜意、体贴入微的情人，这样就能在外有浪漫的爱，回家有热乎乎的饭菜；有些人明明生活得很幸福，却总是抱怨自己不能随心所欲财务自由，因而心里七上八下……这些人，都是有着非分之想且奢望得到非分之福的人。

细心的人会发现，现代人们越来越浮躁，动不动就爆发争吵，彼此间恶语相向。尤其是在职场上，不安分的人更多，他们不但上蹿下跳地表现自己，还总是在背后说他人坏话，给他人下绊子。如此一来，职场就被搅得乌烟瘴气，简直没法工作。其实，不管是生活环境还是工作环境，都需要我们每个人竭力维护。生活中，每个人都有自己的角色；工作中，每个人也都应该各司其职。我们唯有拒绝非分之想，才能脚踏实地地工作和生活，从而享受从容淡定的乐趣。

作为一名律师，林刚可谓是人人羡慕。在妻子的精打细算之下，他们早早地就买了房子，如今不但住所稳定，有个温馨的家，而且林刚的事业也风生水起。已经38岁的林刚，远远不像大多数中年人那样憔悴不堪。反而因为妻子的精心照顾，他比二十几岁的年轻人看着更加精明干练、精力充沛。

然而，妻子因为是全职太太，总是把全部的精力放在林刚和孩子身上。每天除了接送孩子上学放学，就是问林刚几点下班，渐渐地，林刚开始觉得妻子缺乏情趣。恰巧在此时，单位分了一个刚刚毕业的大学生丝丝给林刚当助理，这个大学生年华正好，外向开朗，就像一股春风吹遍了整个单位。也许以丝丝的年纪和阅历看林刚这样的中年男性总觉得充满魅力，很快，丝丝就开始对林刚表现出特殊的好感，总是以崇拜的眼神小鸟依人地看着林刚。就这样，林刚回家的时间越来越晚，与妻子之间的互动也越来越少。刚开始时，林刚也想拒绝丝丝，因为他并不想自己辛苦打拼来的这一切烟消云散。但是丝丝却说："放心吧，我不会纠缠你的。咱们就当红颜知己吧。"在丝丝的再三保证下，林刚越来越松懈，最终在一次醉酒之后，对丝丝做了不该做的事情。如此一来，林刚真正实现了很多男人梦寐以求的"家里红旗不倒，外面彩旗飘飘"。然而，他却叫苦不迭。家里，女儿和妻子都需要他的陪伴；外面，<u>丝丝</u>也总是抱怨林刚不陪他。从刚开始的享受，到后来的疲于奔命，林刚懊悔不已。然而，世界上没有不透风的墙。如此几个月之后，单位里流言满天飞，妻子最终也知道了这件事情，难免冲动地跑到单位大闹一场。如此一来，林刚颜面全失，不得不辞职一切从头开始，<u>丝丝</u>也拿着林刚给的精神损失费去了另一个大城市。虽然妻子为了孩子暂时未与林刚离婚，勉强维持着家庭，但是对林刚再也没有了此前的温柔体贴和柔情蜜意。如今的林刚，每天下班回家都胆战心惊，生怕妻子揭他的伤疤，再爆发家庭战争。

如果不是因为贪欲，林刚原本应该感到满足了。遗憾的是，他非但没有好好地珍惜这个家庭，反而因为非分之想，禁受不住诱惑，与助理<u>丝丝</u>发生了婚外情。很多男人都渴望过上"家里红旗不倒，外面彩旗飘飘"的日子，但是真正过上这种生活，林刚才发现非常痛苦，简直要把他撕裂了。最终，这种两头不落好、只落埋怨的日子，让他身败名裂，不但失去了工作，一切从头开始，也导致原本幸福美满的家庭生活变得冷冰冰的。

人，总是觉得得不到的才是最好的，殊不知，现有的握在手心里的，才是最好的。当我们因为虚无缥缈的非分之想失去握在手心里的幸福时，就会追悔莫及。要知道，人的欲望永远是无止境的。我们唯一正确的做法就是合理控制欲望，而不是跟随欲望沉沦。

在被欲望控制之前，我们的当务之急就是摆脱欲望的纠缠。

虽然我们不是最富有的，也不是最有权势的，但是只要我们合理掌控欲望，就能最大限度地享受生活的幸福和快乐。否则，当欲望之海泛滥，即便拥有得再多，也无法将其填满。对于每一个普通的人而言，最重要的就是心安，所谓心安是归处。只有拒绝非分之想，握紧手里的幸福，我们才能淡定从容。

减少生活缺憾，尽享幸福

对于生活，人们总是充满理想。因而，无数人在追梦的过程中迷失了自我。他们不停地拥入大城市，似乎只有那里才是他们梦想的发源地。在熙熙攘攘、人流如织的大城市街头，人们不停地奔跑追逐，甚至连静下来喘息一会儿的时间都没有。在没有床的时候，我们奢望得到一张床；在没有自己的空间的时候，我们梦想着哪怕能租来一间小屋……然而，人们没有时间，却从来不愿意浪费一分一秒用于休憩和调养生息。就这样，人们气喘吁吁地往前跑，恨不得跑到地老天荒。

想想人活着的需求吧，其实非常简单。即使如巴菲特和比尔·盖茨那样的世界富豪，也是与普通人一样一日三餐，夜晚安睡一张床。在得到极大的物质财富之后，他们更加关注的是造福于人类。其实，作为普通人，即便没有那么多的金钱、权势，我们也可以把格局放大一些，这样就不会对生活过分苛责，从而为难自己。

很久以前，有个富翁腰缠万贯，却始终郁郁寡欢。为了找到生活的快乐，他一个人背起行囊远走万水千山。富翁走啊走啊，来到了一片深山老林里。很快，他的食物就吃完了，他又累又饿，却不知道如何走出这片大森林。

富翁忍饥挨饿，又走了一天一夜，终于体力不支，坐在一棵大树旁休息。这时，有个猎人骑马经过，富翁如同见到救世主一般喊道："救救我啊，救救我啊！"猎人翻身下马，看着奄奄一息的富翁，问："你想得到怎样的帮助？"富翁气若游丝地说："此时此刻，我只想喝一口清水，再来一点干粮。"猎人打开背包，拿出水喂到富翁的嘴里，又拿出干硬的玉米饼子给富翁吃。富翁仿佛喝到了人间甘泉，又似乎吃到了人世间最美味的食物，不停地感谢猎人。猎人笑着说："看你的衣着打扮，一定没吃过这样的粗茶淡饭吧！"富翁感动得热泪盈眶，说："今天，是我有史以来最幸福和快乐的一天。在我最渴的时候喝到水，在我最饿的时候吃到玉米饼，我真幸福啊！"富翁跟随猎人一起到猎人的家中，每天跟着猎人一起打猎，一起吃粗茶淡饭，快乐极了。每当夜晚到来时，他们就在散发着清香的干燥草堆里安眠，富翁睡得特别香甜。

即使有再多的钱，也只有清水最解渴，真正的粮食最养人。

人不可能每天都山珍海味，吃多了一定会腻烦，也不可能每天都琼浆玉液，否则肯定觉得乏味。由此可见，人真正的需求是很容易满足的，因而困扰人们的那些追求和梦想，实际上都是人的心在作怪。如果想明白了这个道理，就无须为外物的累赘而拖累自己。当你降低了物质的欲望，也就解放了自己的心灵。

对于任何人而言，最幸福的事就是按照自己的喜好痛痛快快地活着，做自己喜欢的事情，并且因此而感到满足和欣喜。从人生的本质来看，我们做的一切都是为了让自己获得精神的满足。既然如此，又何必在物质方面绕那么大的弯子呢！当你因为物质得不到满足，而使自己心情焦虑不安时，你定然得不偿失。只有摒弃贪欲的人，才能得到真正的宁静喜乐，享受岁月静好的人生。

古人云，知足常乐，真是一语道破天机。生活中，多少不快乐的人，都是因为对生活太过苛责，从不觉得满足。倘若能够适当减低对生活的要求，把更多的关注集中于精神的世界，我们一定能够减少生活的缺憾，变得更加快乐，也能够远离焦虑，尽享幸福。

人之所以不快乐，就是因为不知足

在现代社会，放眼所及，在我们的周围，充满着新奇、精彩的各种各样的人、事、物，甚至连人们的衣、食、住、行、娱、乐等各个方面，也随时都有着丰富多彩的选择。然而，当我们习惯过着奢侈、繁华的生活时，有一些人反而会因此迷失了自己，或者是失去了正确的价值观，甚至有时候为了满足物质的欲望，使得自己疲于奔命，或者心生为非作歹的念头，从而造成在社会中的不安气氛。

中国人常说："欲望无止境。"孔子也曾说过一句很有名的话："富与贵，是人之所欲也，不以其道得之，不处也。贫与贱，是人之所恶也，不以其道得之，不去也。"意思是：富贵是每个人都想要的，但如果不是用光明的手段得到的，就不要它。贫贱是每个人所厌恶的，但如果不是以正大光明的手段摆脱的，就不摆脱它。也就是说，我们每个人都有追求成功和幸福的欲望，但不能被欲望控制。

对某些人来说，生命是一团欲望,欲望不能满足便痛苦，满足便无聊，人生就在痛苦和无聊之间摇摆。这样的人生无疑是可悲的。

尼采说，人最终喜爱的是自己的欲望，不是自己想要的东西！能够控制欲望而不被欲望征服的人，无疑是个智者。被欲望控制的人，在失去理智的同时，往往会葬送自己。

大部分人认为，一个人是否快乐，应该与其所拥有的财产多少、地位高低成正比，那些地位显赫、家财万贯的人必定是幸福的。其实不然，我们看那些历代的皇孙贵胄，谁不是锦衣玉食、万人朝拜，但又有谁是真的快乐呢？他们得时时为了皇权的争夺而苦心积虑，深恐遭到别人的暗算而担惊受怕，怕也难真正快乐过。就像前面故事中的富翁一样，就算拥有再多的东西，也没有快乐可言。

生命只有一次，而且时间是有限的，人生在世只有短短的几十年而已。所以，每个人都应该珍惜自己的生命，在有限的时间里不要让自己太疲惫，要让自己过得快乐一点。人活一世为了什么？就是为了快乐，快乐是人生最大的财富。

人类最大的悲哀莫过于拿自己有限的生命去追逐无限的欲望，这个世界上有太多美好的事物，我们不可能得到所有，所以一定要学会知足。只有知足，才能常乐。一个人若是被欲望所左右，就会变得可怕，或许他们的物质条件会越来越好，但是却在永无止境的追求当中丢失了许多宝贵的东西，从来没有享受过真正的快乐，绚丽的外表下藏着一颗空虚的心灵，而且他的一生注定要被痛苦纠缠。

人之所以不快乐，就是因为不知足。实际上，人类自身的需求是很低的，远远低于欲望。房子再怎么大，也只能住一间；衣服再华贵，身上也只能穿一套；汽车再多，也只能开一辆。能够认清楚这一点，那么我们就能够活得更加从容一点、豁达一点。更重要的是，我们将会有更多的时间和精力，来进行一些精神层次的追求和享受。

其实，应该说，人的幸福指数与其欲望是成反比的，越想得到的多，就越会失去的多。我们自打出生那一刻起，就注定会得到什么、失去什么，我们会得到父母的爱，但终有一天，父母也会离开我们；我们还会遇到事业上的不顺心、感情上的不如意甚至是朋友的背叛等，但人的精力是有限的，我们不可能什么都抓住，所以不必苛求那些得不到的东西或做不到的事情。过于执着，只会让你失去很多当下的快乐。因此，每个人都要学会"知足"，很多快乐都建立在这两个字之上，如果你一辈子都在不停地满足自己一个又一个目标，却没有一丝一毫的幸福可言，那这样的人生又有什么意义呢？

第 3 章
人生云水过，没有什么非得到不可

这个世界上，总有许多东西是我们梦想而不能得的，那些曾经失去的，那些风光华丽的，那些擦肩而过的，但其实这个世界上真的有什么东西是必须得到不可的吗？或者说，当你真的得到了，就会感到快乐吗？或许结果会让你更痛苦。

不为小事所累，做人潇洒点

生活中，有许多这样的人，他们往往能勇敢地面对生活中的艰难险阻，却被小事情搞得灰头土脸、垂头丧气。其实，生活在这个世界，每天我们所遭遇的琐碎小事可以说是不胜枚举，如果我们总是较真，总是为那些眼前的小事烦恼，那我们将郁郁寡终。太过较真，犹如握得僵紧顽固的拳头，失去了松懈的自在和超脱。生命就是一种缘，是一种必然与偶然互为表里的机缘，有时候命运偏偏喜欢与人作对，你越是较真去追逐一种东西，它越是想方设法不让你如愿以偿。

这时那些习惯于较真的人往往不能自拔，仿佛脑子里缠了一团毛线，越想越乱，他们陷在自己挖的陷阱里；而那些不较真的人则明白知足常乐的道理，他们会顺其自然，而不会为眼前的事情所烦恼。山坡上有棵大树，岁月不曾使它枯萎，闪电不曾将它击倒，狂风暴雨不曾把它动摇，但最后却被一群小甲虫的持续咬噬给毁掉了。这就好像在生活中，人们不曾被大石头绊倒，却因小石头而摔了一跤。

也许生活中的我们总为眼前的事情而发愁，可能是没钱买房子，可能是没钱买车，可能是没钱给自己和亲人买好看的衣服，但这些事情总会成为过去。正如"面包会有的，牛奶会有的"，一切总会好起来的，有这样良好的心态，何必还与自己较真呢？

在这短暂的人生中，记住不要浪费时间为眼前的事情而烦恼，凡事看得开、看得透、看得远，我们就能赢得一份好的心情。

简单生活是快乐的绝世法宝

古人曰："大道至简。"意思是，越是真理的就越是简单的。在我们的一生中，总会有许多的追求、许多的憧憬，甚至我们会面临许多的诱惑。或追求真理，或追求刻骨铭心的爱情，或追求理想的生活，或追求金钱，或追求名誉地位，等等，但太多的欲求是否会让我们的生命难以承受呢？生命之舟若是太过繁重，生活就不再是一个蓬勃向上和快乐进取的过程，而会成为一个痛苦无奈的延续，一个在痛苦中挣扎的生命，即使拥有的东西再多，也都暗淡无光。

就像古人所说的"大道至简"，其实，真正快乐的生活应该也是简单的，或者说，最简单的生活才是快乐的。当然，这种简单并不是贫乏或贫穷，而是繁华之后的一种追求，是一种去繁就简的境界。越简单越快乐，这确实是简单的真理，因为简单，我们的心很容易知足，哪怕是生活中一个细小的惊喜，我们也会变得快乐不已，这时快乐已经不再那么奢侈，而是很容易就能获得的。

在宏村，有一位德高望重的老人，同时，也是一位医术精湛的老中医。他行医的宗旨是悬壶济世，解人疾苦。对于那些贫困的病人，他不仅免费医治，还给予精神安慰和金钱上的帮助。他在家乡行医半个多世纪，积蓄颇为丰厚，于是就在家乡开办了一座济老院，收留那些晚年生活无依无靠的老人，这个济老院完全是慈善性质的。

虽然，老人花了大笔的钱来办济老院，但他自己的生活却坚持一切从简的原则。在宏村行走，他常年穿戴的都是旧而干净的布衣、布帽、布鞋，这些衣物的历史都在30年以上，宏村的人很少见到他添置新的衣帽，平时家里人置办新的衣服给他，他也不穿，而是将这些崭新的衣服送给那些缺穿的人。在饮食上，他更是主张粗茶淡饭，以素食为主。生活如此之简单，但老人却生活得异常快乐，他闲来没事时就会去济老院陪那些老头老太唠家常、叙往事。在老人70岁的时候，他在济老院的前后种植了大片的竹子，等到他101岁逝世时，竹子已经是郁郁葱葱，蔚然成林了。

后来，宏村的人为了纪念这位老人，专门在竹林前立碑，除了记述老人的生平事迹以外，还为这片竹林题下了"慈竹林"三个大字。

简单的生活，首先应该有简单的心态。老中医舍得花大笔的钱来办济老院，做慈善事业，但并不意味着他在自己的生活中也是大手大脚，甚为讲究，相反，他自己的生活却是一切从简，一点也不烦琐。恰恰是因为这样简单的心态，令他更容易获得快乐，从而也获得了长寿。

美籍华裔数学家陈省身教授曾这样说道："把奥妙变成常识，复杂变为简单，数学是一种奇妙有力、不可或缺的科学工具，人生也是一样，越是单纯的人，就越容易成功。简单既是思想，也是目的。人生是一种乐趣，一种创造。人生快乐，快乐人生，生活的动力就是不断寻找和发现乐趣。生命是否有意义，包括事业、家庭生活、健康长寿等，都和快乐有关。一个人一生中的时间是常数，应该集中精力做一些好事。"当交错复杂的生活变得简单，你会发现快乐也是比较容易获得的生活，因为我们心中已经无欲无求，在这样的心境下，自然就容易变得快乐。

追究简单极致的生活，需要适当控制自己的欲望，这些欲望当然指物质生活和人际交往这方面。而对于精神的追求，反而会更多。因为一个在物质和世俗关系方面追求很少的人，才可能有更多的时间去追求精神世界的丰富多彩。当然，欲望是难以克制的，欲望本身也是有利有弊的。

有"度"的欲望是人生命的内在动力，是人们奋斗和追求事业成功的推动剂；但是，一旦超过限度，人的欲望就好像一匹脱缰的野马，最终会将一个人拖入无底的深渊。一个追求简单生活的人，他会心无旁骛，将那些引起烦恼的事物丢掉，不让它干扰自己的身心和脚步。简单使人快乐，简单生活是快乐的绝世法宝。

圣人做学问追求一种"大道至简"的境界，人活一生更应如此。为什么人们会不厌其烦、孜孜不倦地去追求那些看似风光，实际上令人身心疲惫的"负担"呢？皆因内心少了一份简单，少了一种简单的人生态度。与其困在财富、地位与成就的壁垒中迷惘，不如尝试以一颗简单的心，追求一种简单的生活。

以平常心淡定从容走好人生路

现实生活中，既会有各种各样的磨难，也会有形形色色意外的惊喜和生命馈赠的礼物。很多人面对坎坷境遇的时候总是一蹶不振，一旦有了一点点好运气，又马上自信心爆棚，得意得忘乎所以。殊不知，人生之中悲剧和喜剧哪个先上演，根本没有人知道。所以我们要做的就是从容面对人生的悲喜，既不因为挫折而沮丧绝望，也不因为顺遂而得意忘形。一个真正明智的人，知道唯有以平常心面对人生，才能淡定从容走好人生之路。

心理学家经过研究证实，人在极度愤怒的情况下，智商会瞬间降低。同样的道理，人在狂喜的时候也会因为得意，导致失去理智，无法做出正确的判断和选择。由此可见，不管是得意还是失意，实际上都是人生的常态，我们应该摆正心态，既不因为偶尔的得意就狂喜，也不因为一时的失意就悲愤。唯有保持平常心，我们才能理智思考，从容分析事情的走势和结果，最终获得清晰的思路。否则一旦我们的情绪失去控制，我们的智商严重波动，也许我们就会在冲动之下做出让自己后悔的举动，可谓得不偿失。

汉景帝时期，大将军周亚夫是汉景帝的得力干将。当时，匈奴很不安分，经常找机会入侵北方边境，导致边境的老百姓民不聊生、苦不堪言、怨声载道。为此，汉景帝决定派一名骁勇善战的大将军去平定匈奴之乱。思来想去，汉景帝觉得周亚夫是最合适的人选，但是汉景帝也意识到周亚夫因为战功赫赫，未免有些居功自傲，因此他决定先打压周亚夫的气势，再派他出征。为了让周亚夫收敛自己的脾气，不再自以为是，汉景帝煞费苦心地安排了一场宴席。在这场宴席上，诸位大臣都端坐在案，也对汉景帝的宴请心怀感恩，但是大家等了很久，周亚夫迟迟还未到来。看到周亚夫如此盲目自大，汉景帝很生气，命令侍从悄悄收走周亚夫的餐具，只等着周亚夫到来之后出洋相。

原来，周亚夫听到风声，知道汉景帝会派自己去击退匈奴，更加趾高气扬。参加汉景帝的宴请，其他大臣全都穿着庄重的礼服，但是周亚夫却穿着随随便便的衣服，甚至还特意叮嘱车夫晚一些出发，从而显出自己重要的、无人能及的地位。然而，他姗姗来迟入席后，却发现自己的餐桌上根本没有餐具，便当着汉景帝的面大声斥责侍从给他拿餐具。他言语之间丝毫不顾及汉景帝，致使原本只想给他个教训的汉景帝勃然大怒，因而马上当着所有人的面训斥他："你赶快走吧，我们这里不需要你！"后来，汉景帝找了个借口，把周亚夫关入监狱，性格倔强的周亚夫绝食而死。汉景帝因为内忧外患，日夜操劳，不久之后也染上疾病，吐血身亡。

原本是一件好事情，只因为周亚夫弄不清楚自己的身份地位，而且以功臣自居，甚至不把汉景帝放在眼里，又因为得知自己要奔赴沙场为国立功，更加无所顾忌。最终，他饿死在监狱里，以悲惨的方式结束了自己的戎马一生。因为失去周亚夫这个得力干将，汉景帝内忧外患，最终也吐血身亡。这样的结果令人感慨唏嘘，也使人感到非常遗憾。可以说，周亚夫和汉景帝都没有很好地控制自己，导致事情走向恶化的极端。

现实生活中，很多人也经常因为过于爱面子，容易冲动，导致自身陷入尴尬的境地。其实，社会上很多后果严重的事情本身的起因很简单，而且也没有那么重要。之所以最终酿成恶果，就是因为人们无法很好地控制自己的情绪，导致事情在极端的情绪之中朝着极端的方向发展，最终乐极生悲，变得不可挽回。

朋友们，生活之中总会有各种各样的意外发生，带给我们的或者是惊喜，或者是惊吓。不管是什么事情，我们都应该理智面对，保持情绪的平稳，这样我们才能妥善处理问题，也不至于因为冲动做出让自己后悔万分的举动。记住，怒不可遏或者是歇斯底里的行为表现对于我们解决问题没有丝毫帮助，有的时候还会导致事与愿违，使事情朝着相反的方向发展。真正明智的人，知道保持理智有多么重要，也会不遗余力地控制好自己的情绪，从而保证自己能做出最佳的判断和选择。

心宽则路宽，幸福禁不起算计

生活中，充斥着形形色色的小事。这些事情不会对我们的人生产生至关重要的影响，却让我们无法释怀地拥抱幸福。的确，精明的人都会算计，即使不占别人的便宜，也要算计自己吃没吃亏。然而，爱算计的人往往不会幸福。因为，幸福禁不起算计。细心的人会发现，有些在生活中显得很傻的人，整日大大咧咧，什么也不在乎，反而很幸福。他们之所以幸福，是因为从不计较自己吃没吃亏。古人云，吃亏是福。虽然是很简单的四个字，真正做到的人却没有几个。吃亏是福，吃亏为什么是福呢？且不说我们的斤斤计较能否保证自己不吃亏，设想一下，你整日里为了鸡毛蒜皮的事情琢磨来琢磨去，要死多少脑细胞呢？如果事情无关大碍，吃点儿小亏又何妨呢？你浑然不知地吃了小亏，也不觉得自己吃亏，还省却了斤斤计较的烦恼，这不是福气又是什么？

人生之中，值得我们忧虑的事情太多，些许小事并不值得浪费脑细胞。

很多人，算计的不是利益的得失，而是别人曾经对他的不公。其实，这个世界上没有绝对的公平与不公平，很多时候，看似吃亏，实则占便宜。也有很多时候，看似占了大便宜，其实是吃了大亏。人生总是需要平衡，而真正的平衡在于我们的内心。对于那些在我们需要的时候没有伸出援手的朋友，你应该想想，他也许有不能言说的苦衷。对于那些在背后陷害我们甚至说我们坏话的同事，你应该想想，他家里是不是有什么困难，所以才逼得他出如此下策。对于那些曾经非议我们的人，我们应该一笑置之，谢谢他们教会我们人心险恶。对于那些曾经小看我们的人，我们应该谢谢他们，因为是他们激励我们一往无前，走向成功，为自己赢得真正的尊严。放下这些生活中的小事，我们才能从容豁达地生活。如果我们总是因为不相干的人和事扰乱自己的心绪，那么我们将会损失更多。这个世界上，还有什么比幸福平稳的心绪更值得珍惜的吗？所以，没有必要为了别人，失去自己最值得宝贵的心绪。记住，宽宥别人，就是宽宥自己。有舍才有得，上帝在为你关闭一扇门的同时，一定会再为你打开一扇窗。

现代生活中，很多年轻人为了小事郁结于心，过度扩大问题。其实，那些事情都是不值一提的小事，根本不应该记挂在心上。我们要想获得幸福的生活，就应该修炼自己的内心，让自己变得淡定平和，唯有如此，我们才能拥有广阔的胸襟，大肚能容天下之事。

抛下名利，活出真的自在

名利，多么具有诱惑力的字眼，同时，这也是很多人立足社会、搏击人生的主动力。自古以来，名利就是许多人一生的奋斗目标，多少人为了光宗耀祖而削尖脑袋挤进官宦之途，多少人因为人生的不如意而郁郁寡欢。但是，在名利场上，春风得意、踌躇满志的人毕竟是少数，大多数人为名利而困恼，为那些自己得不到的名利而较真。其实，人生的道路本来很宽阔，如果我们把眼光一味放在名利上面，只会让我们的道路越走越狭窄。只有我们敢于抛下名利，多一分从容，无所多求，才能活出真的自在。

冰心老人曾告诉我们："人到无求，心自安宁。"在冰心老人家一辈子的经历中，我们不难看出，清心寡欲，淡泊宁静，看淡功名利禄，正是她精神健康的奥秘。半个多世纪以来，冰心将全部的杂念全部跑到脑后，一心扑在为孩子们写作、与孩子们交流上，而孩子们也带给她无限的安慰和喜悦。或许，正因为她心静如水，永远保持着童心，才使得自己在古稀之年也耳聪目明、思维敏捷。淡泊以明志，宁静以致远，我们才会活得洒脱自在。

一个人假如具备抛弃名利的人生态度，面对生活，他就会比常人更容易找到乐观的一面。他所看到的就是生活的美好，他不再对那些可望而不可即的空中楼阁感兴趣。在纷繁的世界中，不去较真名利的争夺，在自己的心田，构筑一片宁静的田园，你自然会体验到简单的快乐。陶渊明伴着"庄生晓梦迷蝴蝶"中翩翩起舞的蝴蝶，在东篱之下悠然采菊，面对南山，陶渊明选择忘记，遗忘那些官场中的丑恶与仕途的不达，清新淡雅，与世无争，为自己寻回一方心灵的净土。超脱于名利之外，活得一身轻松。

内心平静，常习中庸之道

生活中，人们常常说做人要"中庸"，但对于什么是真正的中庸之道，却不一定真的了解。中庸之道，是我国古代儒家思想最重要的组成部分之一，在封建社会里，它一直是我国儒家学者追求的至高境界，是人生哲学的方法论，其中的一些思考和理念是很科学的，需要我们辩证地认识、看待，从中正确地汲取养分。

孔子为什么要提倡中庸之道呢？"中庸之为德也，其至矣乎！民鲜久矣。"意思是说，中庸是一种至高无尚的美德，民众缺少很久了。孔子说这话的主要目的是把当时的社会秩序、社会制度保持在周礼的规范之内。孔子生在"礼崩乐坏"的春秋时代，那个时代王室衰微，诸侯崛起，战事不断，民不聊生，孔子一生都在为恢复合乎周礼的社会秩序而奋斗，他讲中庸也是为此目的。

中庸的主要思想，在于论述为人处世的普遍原则，不要太过，也不要不及，恰到好处，这就是中庸之道。根据中庸之道，要求我们在遇事时一定要冷静处理，要做到淡定和从容，而这也是静心的要义。我们可以说，一个人，要做一个内心平静的人，首先就要学习中庸之道。

明朝时期，尤老翁在苏州城里开了一个典当铺，这位尤老翁平时最懂得忍耐，因此，无论是街坊邻居还是外来客人，都喜欢跟他打交道。

有一年快到年关的时候，尤老翁正在屋里盘账，忽然听到外面有吵闹的声音，于是就匆忙地跑了出去。到了柜台，他看见穷邻居赵老头正在与自己的伙计吵架。尤老翁明白，这个赵老头是一个蛮不讲理的人，他没去问个究竟，就先将伙计训斥了一通，然后好言向赵老头赔不是。然而，赵老头表情依然像刚才一样，丝毫不给尤老翁面子，还是板着脸孔，站在柜台前不说一句话。

这时，心中委屈的伙计悄悄对老板说："老爷，他前些日子当了一些衣服，现在他不还当衣服的钱，却硬是要将衣服拿回去。我向他解释，他竟然破口大骂，我真的不知道该怎么办才好。"尤老翁也知道不是自己伙计的过错，他先吩咐伙计去照料其他的生意，而他自己来应付这个蛮不讲理的赵老头。忽然，他想到了办法，快速走到赵老头的旁边，语气恳切地说："老人家，不要再对刚才的事情耿耿于怀了，不要跟我的伙计一般见识，你就消消气吧，大家都是熟人，我不会介意这种小事的，衣服你就拿回去穿吧。"

不等赵老头回答，尤老翁就吩咐伙计将其典当的衣服拿过来。但赵老头似乎一点也不感激，拿起衣服就走。尤老翁也并不在意，而是含笑拱手将赵老头送出大门，然而就在这天夜里，赵老头竟然死在另外一家典当铺里。

原来，这位赵老头负债累累，家产早已经典当一空，走投无路之下，他寻了短见。他预先服下毒药，先来到尤老翁的当铺吵闹，想以死来敲诈钱财，没想到尤老翁一向善于忍耐，宁愿自己吃亏也不跟他计较，他觉得敲诈这样的人实在不忍心，就离开尤老翁的典当铺。就这样，他来到另外一家当铺，结果毒性就发作了。后来，赵老头的亲属向官府控告这家店铺逼死了赵老头，与店铺打了好几年的官司。最后，那家店铺筋疲力尽，花了很多钱才将这件事摆平。

后来，人人都说尤老翁料事如神，可尤老翁说："我并没有想到赵老头会走到这条绝路上去。我只是觉得，凡事多退一步，给人留一步，也是给自己留条退路。"

事实上，待人要厚道，要替人设想，正是中庸之道的表现。

这样一个普通的民间老翁，却是一个生活的智者，他的做法为自己免了一场灾难。他的这种心态可谓是能屈能伸、方圆做人的至高境界了。然而，我们不难发现，我们生活的周围却有一些人，他们凡事逞强好胜，在得意之时嚣张跋扈，丝毫不给失意之人机会。实际上，这是为自己断送了退路。

除此之外，我们在生活中遇事时，只要我们秉持中庸之道的原则，就能做到不偏不倚、为自己留有退路。当然，中庸并不等于碌碌无为也不等于毫无原则地退让，更不等于人前人后两个样，趋炎附势、狗眼看人低。中庸之道很容易，但还需要我们在具体的生活细节中加以贯彻和实施。

第4章
你若随遇而安，忧伤便烟消云散

生活中，我们总会遇到挫折和困难，时感焦虑和烦躁，心也无法静下来。其实，这主要是因为我们对所遇到的事情和处境不能感到安定，便不自觉地感到焦虑和忧伤。你若随遇而安，忧伤便烟消云散。

宁静，有释放心灵的能力

即便世界坍塌，仍需要保持泰然心情。威廉·詹姆斯教授曾说："一个人要乐意接受已经形成的现实情况，因为接受现实是克服接连而来的一切糟糕情况的第一步。"事实上，不仅仅詹姆斯教授这样想，林语堂在自己的畅销书《生活的艺术》中也阐述了同样的观点，他说："心理的宁静可以接受困境，因为它有可以释放心灵的能力。"

确实，宁静可以释放心灵的能力，只要我们接受了最糟糕的情况，那我们就毫无损失，因为这意味着我们失去的所有都有机会找回来。毋庸置疑，这确实是源于生活的真理。

如何让自己变得成熟起来？看完这么多故事，想必你已经找到了有效的方法。是的，就是威廉所使用的方法。我们再来回忆一遍这个方法的三个步骤吧：首先，假设事情发展的最糟糕情况；其次，既然事情已经这样，不如学会接受它；最后，既然接受了，不妨静下心来思考解决问题的有效方法。当然，关键在于，马上行动起来！

现实生活中，很多人因为愤怒而毁了自己的生活，他们没办法接受最糟糕的情况，没有勇气去改变自己，去挣脱禁锢内心的魔鬼。他们的自我正在慢慢坍塌，终日沉浸在过去的痛苦之中，最后，他们不仅没有找寻到自我，反而因忧虑成疾成为悲催的忧郁者。

不求事事公平，只求内心安宁

比尔·盖茨说："社会是不公平的，我们要试着接受它。"在这个世界没有绝对的公平，假如真的绝对公平了，反而会是另外一种不公平。一个人从呱呱坠地出生，就有很多的不公平，有可能是出身背景不同、家庭关系不同、受教育程度不同，这些对我们而言都是一种不公平。面对这样的情况，如果我们处处较真，抱怨上天对我们的不公平，只会让自己陷入一个痛苦的怪圈。最让我们感到心里不平衡的，是从前跟我们在一个水平线上的人，突然之间变得不一样了，一起工作的他却升职加薪了，一起做生意的他却发财了。别人做事情总是处处顺利，而自己则是处处碰壁。

每天我们为了生存，不得不努力地挣扎着，以争取属于自己的那片天地。但在很多时候，我们努力了，却没有得到期望的结果。这时不要较真、不要哭泣，也不要怨天尤人，我们需要平静地面对这个世界，因为在这个世界没有绝对的公平，我们只求心理平衡。

一个人活着，就注定会有机遇、有坎坷、有欢乐、有痛苦，即便我们付出了所有的精力和心血，也不会换来公平的待遇。在生活中，有的东西既然别人得到了，我们就不要再去争，这样只会徒劳无益；假如自己得到了，那就好好珍惜，别人也不会轻易就能剥夺你的所有。在这个世界上，从来都是一分耕耘一分收获，有所失才会有所得，只有有了对生活、对工作的付出，才有可能得到期望的回报。

在生活中，有的人比较幸运，他可以利用身边可以利用的一切资源，很快地过上令人羡慕的生活，而像自己这样一无所有的人，需要认清生活中的不公平，把自己的劣势变成自己努力奋斗的动力，发挥自己的长处，寻找机会，坚持自己想干的事情，这样才可以扭转我们所认为的不公平。

在生活中，我们经常也会遇到这样的事情，本来彼此之间合作得很好，但双方都在计较公平分配，结果，已经到手的利益成了竹篮打水一场空，谁也没拿到好处。经常有这样一些人，当事情还没办成的时候，就为了计较彼此之间的公平而在分配上争吵，争吵的结果就是所办的事情不了了之。其实，在许多小事情上，绝不能拘泥绝对的公平，因为绝对的公平是不存在的。重要的是，我们要善于从长远利益出发，所谓小不忍则乱大谋，切忌处处较真、斤斤计较。

虽然，社会提倡伸张正义、主持公道。那些政治家在每一篇竞选演讲中也会慷慨陈词："让每一个人都得到平等与公平的待遇。"但是，日复一日、年复一年，一个世纪过去了，我们也无法真正地消除世界上那些不公平的现象。实际上，有史以来，这些现象就从来没有消失过，贫困、战争、瘟疫、犯罪等各种社会弊病一代代延续着，某些地区还会愈演愈烈。我们应该明白，这些不公平现象的存在是必然的，当我们无法改变这一切的时候，我们可以努力改变自己，不让自己陷入一种惰性，并用自己的智慧去努力争取。

在生活与工作中，经常可以听到有人这样发泄："这简直太不公平了！"这是一种经常可以听见的抱怨，当我们感到某件事不公平的时候，必然会把自己同另外一个人或另外一群人进行比较，我们会想：他比我得到的多，这就很不公平。如果你越是这样较真，那你就越是觉得自己是最不公平的。

凡事只要我们无悔地付出，至于结果怎么样，不要太在意，我们只求自己心灵的平衡。付出过、努力过、拼搏过，那就无怨无悔。对于生活中的许多事情，不要太去计较不公平的待遇，求得内心的安慰就可以了，这样我们才无愧于心。

积极乐观的心态，足以战胜不幸

有人说："处于不幸中，垂头丧气显然于事无补，我们要做的，除了坦然面对之外，能改变的，只有自己的心。"当生活的不幸来临的时候，积极的心态是一个人战胜一切艰难困苦，走向成功的助推器。只要看得开，人就不会败。积极的心态，能激发人的所有聪明才智，而消极的心态，就好似蜘蛛网缠住昆虫的翅膀一样，不断地束缚人们才华的施展。

在不幸面前，有的人越过越好，而有的人却从此一蹶不振，其实，这两者的区别在于心态的差异：前者所拥有的是积极的心态，而后者却总是呈现出消极心态。当然，心态是个人的选择，有积极心态的人往往会处于不败之中；一个人若是有了积极乐观的心态，那么，战胜不幸对于他来说就很容易。

这是一个遭遇不幸的家庭，丈夫原来是一家工厂的职工，乖巧懂事的儿子正在读高中。不过，这一切全因为妻子生病而改变了，如今，妻子瘫痪在床，生活不能自理。对此，丈夫不得不辞去工厂的工作，在家里陪着妻子。

看到家里这种情况，懂事的儿子要辍学打工，但是，父母坚决不同意。爸爸对儿子说："如果你不念书了，你妈妈会觉得连累了你，心里会多么难过。你是咱家最大的希望，现在咱们苦点，等你将来考上大学，毕业后找份好工作，咱们不就翻身了吗？再说家里还有我呢，咱们两个都是男人，这个时候都需要坚强起来，没有过不去的火焰山。"儿子最终没有辍学，学校得知情况后，免去了他的学费。

但是，一家人总是要吃饭，仅仅靠着政府救济是解决不了问题的。丈夫要照顾妻子，不能出去工作，他寻思就在家里弄一个小作坊，利用自己的手艺做些小工艺品，卖给街上的商店，商店再卖给来旅游的游客。后来，妻子也加入其中，夫妻俩在家里一边做工艺品，一边说说笑笑，丝毫看不出生活带来的痛苦。

丈夫总是很幸福地对妻子说："我觉得我们很幸福，天天都在一起，同劳动同吃饭，多好。"丈夫还学会了按摩，每天坚持给妻子按摩两小时，妻子的病情大有好转，瘫痪的双腿渐渐有了知觉。

如今，妻子在拐杖的支撑下试着练习走路，尽管很痛苦，但妻子还是每天咬牙坚持练习。她说："尽管医生说过我的双腿不可能再恢复，但我还是想试试看，奇迹不都是人创造出来的吗？我也试试看能不能创造出一个奇迹。"

或许，看完这个故事，你根本想象不出这是一个遭遇不幸的家庭，他们跟所有幸福的家庭一样，没有什么痛苦。什么是不幸呢？心若看开，人就永远不会败。积极乐观的心态是成功的起点，消极的心态是失败的源泉。

对于我们每个人来说，生活和事业不可能一帆风顺，常常会遇到各种困难和挫折，我们必须永远怀着事情还会有转机的乐观心态，只能如此才能战胜逆境获得成功。

积极的心态使人看到希望，保持进取的旺盛斗志。消极的心态使人沮丧、失望，限制和扼杀自己的潜能。积极的心态创造人生，消极的心态消耗人生。

西部"牛仔大王"李维斯的西部发迹史充满坎坷，充满传奇。他的制胜"法宝"是：每当受到挫折，遭受打击时，绝不抱怨，并且非常兴奋地对自己说："太棒了！这样的事竟然发生在我的身上，又给了我一次成长的机会。"

在遭遇不幸的时候，选择积极的心态，就等于选择了成功的希望；选择消极的心态，就注定要走入失败的沼泽。如果你想摆脱不幸，就必须摒弃那种扼杀你的潜能、摧毁你希望的消极心态。

甘愿做快乐的人，别庸人自扰

有的人好杞人忧天，遇到一点点小事就开始胡思乱想，好像自己成为"鸟笼"的俘虏，最终，那些想象的事情把自己都吓坏了。这就是人们常说的庸人自扰，本来生活中并没有那么多的烦恼，就是因为心中的忧虑，凭空多出了许多的烦恼，使自己终日沉浸在焦虑之中，每天过得心惊胆战。其实，有时候，需要我们看开一些，对任何人、任何事都不要想得那么糟糕，留一份快乐在心中，那样就会赢得整个人生。

那些快乐的人，他们口袋里装满了祝福；而那些疲惫的人，他们口袋里装满了指责。一路上他们同行着，快乐的人会把那些不必在意的负担丢掉，而疲惫的人却选择丢掉祝福，所以，快乐的人的行囊越来越轻松，而疲惫的人会感觉越来越累。生活中的我们都要甘愿做快乐的人，千万别庸人自扰。

画家张大千先生留着很长的胡须，平时说话的时候，用手捋着自己的胡须，样子十分和蔼可亲。有一次，一位朋友问他晚上睡觉胡须怎么放，结果那天晚上，他为了合适地安放自己的胡须彻夜未眠，不知道该把自己的胡须放在哪里才好。那些平常不会担心的事情，怎么一在意就出问题了。在生活中，不止是张大千会有这样的烦恼，每一个普通人都会这样想。人的天性都是比较敏感的，因为有思想，所以也能思考，但想得太多，同时也把那些简单的事情复杂化，从而给自己带来一些不必要的心理压力。当你太过在意某一件事情，反而会因为弄巧成拙做不好。

反之，你用平常心来对待这些事情，就会发现它们不过是微不足道的小事。在桌面上有一张白纸，上面有一个小黑点，如果就这样看，黑点根本没有影响到白纸的干净，但假如你拿着放大镜，那白纸就显得很脏了。值得讽刺的是，在实际生活中，绝大多数人会拿着放大镜。所以，凡事看开一点，不要庸人自扰。

每个人生活在这个世界，每天都会碰到一些烦恼的事情，这是很正常的，关键是看你如何去对待，假如你以平常心对待，那小事就是小事，一点事情都没有；如果你放大了小事，那就变成大事了。所以，无论你遭遇了什么，都要积极主动地面对，应该怀着信心，努力就好，不要对未来没有发生的事情而担忧。

庸人为什么会自扰呢？其实，理解起来很简单。他们在某些时候，把现实中的问题看得很大，而把自己看得很小，以为自己遇到了难以解决的问题，所以陷入自扰。这无疑是自寻烦恼，即便遇到一点鸡毛蒜皮的小事，往往也会担心得无所适从，不知道怎么办才好。

回归纯真，拯救失落的灵魂

朋友们，可还记得小时候，我们多么爱看动画片，从《机器猫》到《葫芦娃》，再到《三个火枪手》，这些美好的动画片陪伴我们度过童年时期，也帮助我们找到心中的精灵。的确，每个人心中都住着一个小小的精灵，这个精灵有着赤子之心，不管人生再怎么艰难，都不愿意放弃自己。很多孩子即使长大了，也依然保留着童心，他们知道，人生唯有赤诚才能永葆青春。

当我们再次看着曾经让我们痴迷的动画片，我们不由得感慨万千。的确，现代社会涌现出很多新的动画片，我们再也无法回到从前的模样。每个孩子在小的时候都会盼望着长大，然而等到自己真正长大，才发现最美好的人生就是童年。童年的无忧无虑、任性率真，都给我们的人生带来无限美好的回忆。朋友们，你们了解自己心中的那个小小精灵吗？毋庸置疑，现代社会生活节奏越来越快，工作压力越来越大，很多人在不停地奔波忙碌中渐渐迷失自己。在不知不觉中，很多人都丢失了心中的精灵。其实，这个精灵就是没有长大的我们。这个精灵身上，带着我们的深刻烙印，也给予我们更多的人生感悟。不管我们是否承认，这个精灵总是居住在我们心底深处。因而，朋友们，时不时地看看自己的内心，也许你还能发现精灵的影子呢！

曾经，有个天资聪颖的小男孩，从小就被老禅师选中，跟随老禅师一起修行。不过，老禅师名为小男孩的师父，实际上却不教他任何东西，而是任由他自由自在地成长。有一天，有个高僧路过寺庙，正好老禅师不在，这位高僧看到小男孩不懂得任何礼义廉耻，当即教会小男孩很多礼节。当天晚上，当老禅师回到寺庙时，小男孩当即走上前去，冲着老禅师礼貌地问好。见此情形，老禅师非常惊讶，问小男孩："你怎么学会这些世俗的人情礼仪的？"小男孩笑着告诉师父："是路过寺庙的得道高僧教会我的。"

老禅师听到小男孩的话，马上去高僧休息的禅房质问："你为什么要教坏我的童子？他已经来到我身边好几年，始终保有一颗赤子之心，你不能教坏他！请你原谅，我不能留你继续住在这里，否则你就会祸害我的童子！"就这样，老禅师当晚就把高僧赶出了寺庙。

每个小生命从呱呱坠地开始，都如同白纸一样纯洁无瑕。然而随着年岁的不断增长，他们渐渐明白了人情世故，也变得越来越老练圆滑。随着这个过程的推进，孩子渐渐失去童真，不再有赤子之心，而是成为一个普通而又平凡的人。所以，人们在世俗的世界里追名逐利时，心中的精灵就会渐渐迷失。

现实生活中，有很多人都喜欢孩子，就是因为孩子是纯洁无瑕的，是充满童真的。他们不会掩饰自己，而是遵循自身的本性，想说什么就说什么，想做什么就做什么。如果遵循"人之初，性本善"的哲学观念，那么每个人只要守住自己心中的精灵，就会拥有纯真的一生。其实，我们接近孩子的过程也是在保持自己的童真。大名鼎鼎的小说家陀思妥耶夫斯基曾说，只有和孩子在一起，才可以拯救我们的灵魂。当然，我们不仅要和真正的孩子在一起，也要常常与我们内心的孩子交流和对话。朋友们，闲暇时间，与其看那些无聊的小说、电视剧等，不如与内心的自己对话，让自己回归内心的纯真。

有的时候，我们是否过得幸福快乐，并不在于我们拥有什么和拥有多少，而在于我们是否与内心的"小小的精灵"和谐共处。我们只有坚守内心的"小小的精灵"，才能以一颗赤诚之心拥抱生活、享受生活、燃烧生活！

守望孤独，成为真正的自己

很多人因为形单影只感到孤独，还有些人虽然置身于热闹的地方、身边围绕着朋友，也会觉得孤独，这种孤独是发自内心的。从心理学的角度而言，孤独是一种心理状态，所以它与形单影只的孤单有着显而易见的区别，孤单是内心的煎熬，很难排遣。假如一个人长期处于孤独之中，就会心理压抑、郁郁寡欢，甚至最终对生活失去兴趣，产生悲观厌世的心理。由此可见，孤独对人们心灵的啃噬是很严重的，也会导致恶劣的后果。

在人生的长河中，每个人都有机会感受孤独。当然，孤独并非总是可怕的，有时候孤独也会创造奇迹，诸如"落霞与孤鹜齐飞，秋水共长天一色"的绝美诗句，就来自作者的孤独。由此可见，我们并非总要做孤独的奴隶，受到孤独的奴役和伤害，我们也可以调整自身的心态，让自己与孤独和谐共处，甚至有可能也说出一些优美的词句来呢！

现代社会，看似每个角落都热闹无比，实际上人们因为浮躁，陷入更加深刻的孤独。可以说孤独是现代人的通病，也是完全符合现代文明的"现代文明病"。无数的年轻人守在电视机前看着无聊的电视节目，或者捧着手机刷着朋友圈，看着花边新闻，就是不愿意和身边的亲人、朋友、爱人更好地交流，也不愿意花费更多的时间陪伴孩子。现代社会，最孤独的就数孩子，因为早期独生子女政策的推行，大多数孩子都是独苗，成长过程中没有陪伴，而且平日里和父母也很少有交集。遗憾的是，他们已经习惯了孤独，所以在如今二孩政策完全放开的情况下，还有很多独生子女父母不愿为了多养育一个孩子花费更多的时间和精力。这完全是深入骨髓的孤独。

孤独的人似乎被整个世界遗忘，与此同时，他们也遗忘了整个世界。他们就像是游荡在外太空的生物，身边没有同类，也不被同类惦记。当然，孤独不应该成为人生的常态。所以我们不但要学会品味孤独，更要学会打破人与人之间的藩篱，使人与人相互依偎着取暖，就像刺猬一样保持着不远也不近的距离，彻底赶走孤独。

自从爸爸去世后，丁丁把妈妈接到身边过了一段日子。然而，妈妈和丁丁以及准女婿亚飞住在一起，觉得很不自在。最重要的是，妈妈从老家长沙来到广州，根本听不懂浓重的粤语。一个月之后，妈妈就坚持抱着爸爸的遗像回家了。

一次，丁丁从外地转机回广州，途中因为下暴雨，滞留在长沙机场。看着暴雨如注，她突发奇想，决定先不走了，回家看看妈妈。就这样，她拎着行李上了长途大巴，两小时后，用随身带着的家的钥匙打开了门：妈妈已经睡着了，但不是在床上，而是对着电视上的雪花点，蜷缩在沙发上。看着妈妈两鬓斑白的头发，丁丁泪流满面。自从妈妈逃离广州回到长沙，每次打电话，都告诉丁丁她生活充实，天天都很忙。这次，丁丁决定弄清真相。她谎称自己次日早晨的飞机，等到妈妈目送她离开后，她却悄悄折返到楼下。果然，妈妈很快就拎着菜篮子下楼了，在市场转悠一小时，妈妈只买了一把青菜，就去了江边呆呆地坐着。她看着老年舞蹈队跳舞，吃着自己带来的苹果，神情满是落寞。直到中午前后，妈妈看到远处的座位上有一位中年女士，才非常亲热地走过去，开始肆无忌惮地说着什么。丁丁凑近了看，中年女士面前的牌子上写着："陪聊，每个小时20元。"丁丁哭着站在妈妈面前，拉着妈妈回家。妈妈不知所措。

　　当天晚上，丁丁就订了两张去广州的机票，她决定无论如何，都要陪伴妈妈走完剩下的人生，不让妈妈感到孤独寂寞。等到去世的爸爸回来看望妈妈，看着妈妈幸福快乐，也该感到欣慰吧。

　　现代社会的发展，交通的便利，使得年轻人更加向往大城市的生活，而空巢独居的老人也越来越多。如果有老伴做伴，老人的日子还算好过，但是如果老伴也去世了，老人的日子就会变得非常孤独寂寞。遗憾的是，此时子女都已经有了各自的生活，很少有人能够守候在老人身边，或者感受到老人的落寞。每个人都会老去，包括现在的我们。因而，作为子女，我们一定要多多设身处地地为老人着想，这样才能在老人需要的时候陪伴在老人身边。

当然，也有些人是喜欢孤独的。他们不愿意陷入生活的喧嚣之中，希望通过孤独的守望，更深刻地洞悉自己的心灵。正如唯物辩证主义所说，凡事都是有利也有弊的。孤独也是如此，我们要学会在一个人独处的时候享受和品味孤独，也要在感受到生命寂寥的时候，能够赶走孤独，还给自己鲜花遍地的绚烂心灵。

第 5 章
去追求幸福，而不是去比较幸福

正如著名诗人卞之琳所说：美好的风景都在别处。生活中，我们看别人都是幸福的，看自己都是不幸的，其实，谁的生活何曾不一样，我们所看见的只不过是光鲜亮丽的一面。我们可以去追求幸福，而不是去比较幸福。

痛苦的存在，是为了更快乐

幸福是一种美好的感觉或享受，而痛苦则是人主观感受上的折磨。人的天性往往是努力追求幸福，而避免痛苦。然而，上帝总是成双成对地创造一切，它让幸福与痛苦也成为形影不离的好朋友，于是，幸福与痛苦之间形成了一种微妙的关系。

每个人从主观上讲，都希望获得幸福而避免痛苦，但是，幸福的降临往往有痛苦的伴随，如此而诞生的幸福滋味却是令人难忘的。

试想，如果你总是轻而易举地赢得幸福，你会体会到真切的幸福吗？所以，痛苦是幸福的代价，痛苦成为进入幸福之门，而且，在痛苦的穿插之后，我们的心会变得更加快乐。

《果壳中的宇宙》一书的作者，科学大师霍金，为世人所推崇，不仅是因为他的智慧，还因为他是一位人生的斗士。

在一次学术报告会上，一位年轻的女记者跃上讲坛，问这位在轮椅上生活了30多年的科学巨匠："霍金先生，卢伽雷病将您永远地困在了轮椅上，您不认为命运让您失去的太多了吗？"霍金依然用他坦然的微笑面对这个尖锐的问题。他用自己还能活动的手指，艰难地叩击着键盘。不久，宽大的投影仪上出现了这样醒目的几行字：

　　我的手指还能活动，

　　我的大脑还能思维；

　　我有终生追求的理想。

　　我有我爱和爱我的亲人和朋友；

　　对了，我还有一颗感恩的心……

　　短暂的安静之后，掌声雷动。人们纷纷拥向台前，向他表示由衷的敬意。

　　霍金先生在轮椅上度过了他人生的大部分时间，他用自己的智慧和乐观赢得了前后两位妻子，他用自己的坚强写下了许多不朽的物理著作。病魔困住了他的躯体，却并没有困住他自由而伟大的灵魂。他并非从来没有为失去感到过痛苦折磨，只是他更看重自己拥有的，更重视快乐，所以，他才有更卓越的人生。

　　痛苦常常来得无声无息，它考验你的毅力与坚韧，假如我们能顽强地与之抗争，逃离痛苦的阴影，重新给心以幸福的方向，那么，在痛苦之后，内心会更显幸福的光芒。痛苦并不可怕，只要内心能够找到快乐方向的人，幸福的钟声一定会被敲响。

　　总是有人问本·沙哈尔："你能帮我消除痛苦吗？"本·沙哈尔却感到不解：为什么要用这种态度来对待痛苦？他这样说道："痛苦，也是我们的人生经验，会让我们从中学到很多，人生的成长和飞跃，经常发生在你觉得非常痛苦的时刻。"当某些人觉得幸福的滋味太过于平淡，那么，在痛苦的偶尔穿插中，你是否感到幸福的心会更加快乐呢？

毫无疑问，幸福与痛苦就是上帝创造的双胞胎，它们无时无刻不游离在我们左右。幸福与痛苦来自同一源泉，相比较，一个人的客观条件不论有多好，当他与那些条件更好的人相比，就会产生痛苦；相反，一个人的客观条件不论有多坏，当他与那些条件更坏的人相比，就会感到幸福。

即使我们不与他人相比较，有时候也会与自己相比：假如现在比过去好，我们就会感到幸福；假如过去比现在好，我们就会感到痛苦。当然，无论是幸福还是痛苦，我们都可以有所选择，主要取决于你的心态。例如，当痛苦来临的时候，所有的事情都很糟糕，但是你依然看到了事情美好的一面，那幸福将战胜痛苦。

真实的幸福是痛苦与痛苦之间的间隙。我们总是渴望着快乐，但却只会带来失望与不满，最终导致内心负面情绪的产生。一个幸福的人，并不是拒绝痛苦的人，他也会有情绪上的起伏，但整体上能够保持一种积极的心理。由于经常被积极的心理所引导，从而感染了快乐与幸福，却很少被负面情绪所困扰。所以，在人生漫漫途中，快乐是常态，痛苦只是小插曲。

面对输赢，选择平和的心态

在兵法中有这样一句话："胜败乃兵家常事。"简单的一句话，却给人一个大道理：尽量将输赢丢开，胜败皆是常事。其实，在生活中何尝不是这样呢？当我们遭遇失败的时候，需要告诉自己："将输赢丢开。"不要在乎自己到底是输了还是赢了，你越是计较，心情就越是糟糕。

确实，生活中从来没有输赢，我们所需要保持的是淡定的心态，对于我们每个人而言，生活是风云变幻的，那些意想不到的事情总会在我们不经意的时候发生，既然输赢的结果已经出现，我们所需要的就是保持一颗平常心，不计较输赢。

面对失败，我们不能因一时的挫折而丧失斗志，一蹶不振，不能因为一次输赢而患得患失，失去了面对失败所需要的平和心态。有时候，人生就是一场又一场的赌博，输赢并不是自己所能决定的，我们所能做的就是填满中间空白的过程，如果我们没办法决定是输还是赢，那就选择平和的心态。

大学毕业后，他放弃父母托关系为他找的铁饭碗工作，只身带着单薄的行李南下，来到炙手可热的沿海地区。每天做很简单、枯燥的工作，他都能从中得出自己的快乐，而且他好学，遇到什么不懂的问题都会向同事请教。时间长了，老板欣赏他的踏实与认真，晋升他为秘书。之后，不断地升职，他已经在企业有了响当当的名字。这时候，他毅然放弃高薪职位，拿着多年的积蓄，开了一家小公司。在他的努力经营下，小公司一天天成长，他成了远近闻名的大老板。

在那年的金融海啸中，他的公司不幸也遭遇了很大的冲击。得知消息的时候，他还在家里，父母担心地看着他。他很平静，反而安慰父母："没事，当年我也是一无所有，现在不过是时间的问题而已。"他回到公司，有条不紊地处理事宜，员工看着平静的他，本来慌张的情绪也放下来了。公司该接的任务还是照接不误，好像什么都没变，公司一步步走上了正轨。

以平和的心境接受失败，不计较输赢，因为胜败乃是常事；然后对于失败之后的残局，有条不紊，泰然处之。在上面这个案例中，我们所能够学到的是平和的心境、那种临危不惧的心态。在生活中，我们会遇到这样或那样的事情，可能会计较，不承认自己输了，或紧张、慌乱、无措，但只要你保持良好的心态，淡定从容，事情看起来就没那么糟糕，所谓"船到桥头自然直"，在平和的心境下，不利变为有利，一切困境都会过去。

胡雪岩刚开始做丝绸生意的时候，就面临了一次失败。当时，胆大的胡雪岩买下湖州所有的蚕丝，打算自己来控制价格，以此打击洋商。没想到，生意最后是做好了，可前前后后算起来，倒赔了一万多两银子，再加上之前欠下的旧债，差不多有十几万两银子。面对如此的打击，胡雪岩依然镇定自若，该拿给朋友的分红，他一分不少，整个人身上看不到一点"输"的痕迹，因为他知道，只要自己内心不败，总有一天会成功。

后来，上海挤兑风潮来临，胡雪岩又一次站在输赢的转角。当时，上海阜康钱庄的挤兑风潮已经波及杭州，胡雪岩正全力调动、苦撑场面，费尽心机保住阜康钱庄的信誉，试图重振雄风。可是，在这关键时刻，可谓是"屋漏偏逢连夜雨"，宁波通裕、通泉两家钱庄同时关门。原来，这通裕、通泉两家钱庄是阜康钱庄在宁波的联号，胡雪岩意识到这次自己真的要输了。朋友德馨打算出面帮忙，并愿意垫付20万两维持那两家钱庄，胡雪岩很感动，却婉拒了这一好意，他觉得自己已经不能挽回败局，也不想拖累朋友。于是，胡雪岩决定放弃通裕、通泉两家钱庄，全力保住阜康钱庄。

胡雪岩说："我是一双空手起来的，到头来仍旧一双空手，不输啥！不但不输，吃过、用过、阔过，都是赚头。只要我不死，你看我照样一双空手再翻过来。"因为那份坦然的心境，胡雪岩虽然输了，但输得漂亮，实在令人佩服。

在生活中，输与赢不过是不同的结果而已，任何一个人，既要有赢的渴求，同时也要有输的心理准备。

面对危机，要能够输得起。人生做事，必然会有输有赢，胜败乃是兵家常事，关键是心里不能输。既然选择做生意这样有风险的事业，就要"赢得起，更要输得起"。

输赢乃常事，我们所能做的就是始终保持一种平和的心态，因为生活本就没有输赢；即使输了，不要输了斗志，不要输了志气。如果你总是计较生活中的输赢，估计你常常会成为输家，而非赢家。

主宰命运，选择属于自己的人生之路

学生时代，我们印象最深刻的就是那些品学兼优的好学生，或者是那些调皮捣蛋的所谓"坏学生"。反而是那些中等的学生，不管是给同学还是给老师，都无法留下深刻的印象。究其原因，是因为他们过于中规中矩，就像是流水线上下来的成品一样高度相像，因而也就失去自身的独特个性，最终导致他们毫无个性可言，而是成为班集体中最普通的一员。当然，有些性格内向的学生不愿意表现自我，因而不想引起他人的注意。但是不得不提的是，有些学生特别喜欢表扬和张扬自我，因而他们最大的心愿就是吸引所有人的注意。如此不同的两种类型的学生，给人的感觉也是不同的。

实际上，对于这样的两种性格，我们无法妄加评断。在这个世界上，存在即合理，有很多东西和人的性格秉性都是完全合理的存在，我们也就无法贬低、指责或者赞扬他人。最好的方法是我们做好自己，不管什么情况下都牢记自己做人的原则，保持自己的棱角。哪怕变得圆滑，也不要失去所有的棱角。这样一来，我们总能走出属于自己的人生之路，也必然能够得到他人的认可和赏识，从而活出最真实的自己，活出独属于自己的精彩人生。

很多小朋友都有这样的感触，自己最讨厌的就是父母拿自己和其他学生比较。的确，每个人天生就有自己的独特个性，更不愿意自己被他人同化，从而迷失自己的道路。正如一位名人所说的，这个世界上绝没有两片完全相同的树叶，我们也要说，这个世界上绝没有两个完全相同的人，更没有两条完全相同的人生之路。每个人都是自己命运的主宰，都有权力选择属于自己的人生之路，这是任何人都不可代劳的。

高中的时候，小雅上课时总是偷偷看课外书，为此爸爸妈妈不知道说了她多少次，老师也经常批评她。但是，她对于文学作品非常痴迷，尤其喜欢看小说，一旦看了就很难停下来。为此，她的成绩下滑很严重，眼看高考在即，爸爸妈妈简直心急如焚。然而，他们对于小雅管得了一时，管不了一世，小雅白天都在学校，总是有机会看小说。

有一段时间，小雅开始尝试写作。她每天都会写一千多字的小说，对此，爸爸妈妈说她是不务正业，老师也几次三番没收她的写作本。但是，她丝毫没有收敛，而是更加热衷于文学创作。在一位学姐的提醒下，她决定把自己的作品发表到网上，争取吸引粉丝。为此，她每个周末回家的时候，都会偷偷地在网上更新自己的小说。当然，每周她打开自己的写作园地，都会发现自己的粉丝又增多了，此时，她沾沾自喜，似乎一切的付出都是值得的。眼看还有两个月就要高考了，爸爸妈妈迫于无奈，只好和小雅谈判，让小雅先把学习搞好，然后再写小说。当然，小雅为了长治久安，决定听从爸爸妈妈的意见，先度过黑色的6月。此外，爸爸妈妈还准备把小雅送出国，为此，小雅也在积极地准备出国的事宜。出乎爸爸妈妈的预料，有个书商看中了小雅的作品，主动联系小雅要把她的作品在出版社出版发行。原本，爸爸妈妈担心小雅因为出书影响学习，却从出国的中介公司得知，假如小雅能够出书，对于她出国将会很有好处。就这样，小雅顺利地出书。虽然高考成绩不是很理想，但是出国却因为有了出书的经历，变得更容易。后来，小雅在国外接受了文学的熏陶，居然成为了一名作家，不但出版了很多书籍，而且还有几部作品被改编成电影，她最终名利双收。

每个人都有属于自己的道路，我们要做最真实的自己，更要坚持自己的人生之路，绝不放弃。可以说，全世界70亿人，就有70亿条人生之路。因而朋友们，不管我们多么与众不同，都不要对自己感到怀疑，也不要质疑自己的人生之路。只要我们慎重选择，坚定不移地走下去，终有一天，我们会走出自己的精彩人生。

也许有些朋友喜欢随大流，总觉得自己的人生要符合大多数人的评价标准。实际上，我们的人生就是我们自己的，不属于任何人，也无须接受任何人的评价。我们必须记住，不管是社会赋予我们的标签，还是我们曾经经历的一切，都无法改变我们的人生和命运。我们必须赋予自己人生的意义，也坚定地选择自己的人生之路，更要活出自己的精彩和非凡。

想得到快乐，唯有改变心态

卡耐基曾经说过，要想得到快乐，没有其他的办法，唯有改变自己的心态，不要过度思虑而已。的确，现实生活中很多人之所以不快乐，并非因为他们失去得太多，得到得太少，而只是因为他们杞人忧天，总是陷入深深的思虑之中。人生只有三天，昨天、今天和明天。昨天已经过去，昨天发生的一切事情都成为历史，我们既无法更改历史，也没有必要因为昨天的事情感到懊悔。明天还未到来，虽然我们可以预见明天，但是明天在到来之前依然有着很多的不稳定因素，这些因素之中有些是我们可控的，有些是根本不可预料的，从这个意义上来说，我们虽然应该未雨绸缪，但是过于因为明天而伤脑筋，也是不应该的。只有今天，才是切实握在我们手中的，假如我们的人生之中每个今天都过得充实快乐，那么无疑我们的人生也是快乐的。在这种情况下，我们为何还要杞人忧天呢？

杞人忧天，非但无法帮助我们改变不如意的昨天，也无法帮助我们赢得幸福美好的明天，唯一的作用就是把我们的今天也搅黄了，导致我们的今天惴惴不安、心神不宁，这还谈何幸福快乐呢？所以，很多朋友都在追求幸福快乐，殊不知，幸福快乐只存在于我们的心里。只要我们心态好了，曾经的那些苦恼都会成为过眼烟云，再也不会扰乱我们的心境。

不可否认，在我们的生活中，至少90%以上的事情都是正确的，但是真正快乐的人却很少。究其原因，大多数人都因为10%的错误而郁郁寡欢。聪明人不会因为这少许的错误影响自己的快乐，而是更多地享受快乐，勇敢面对那10%的错误。要知道，长期郁郁寡欢不仅使人失去幸福快乐，对人的身体健康也有很大的坏处。除非你想得忧郁症，或者是因为胃溃疡导致无法饮食，否则就不要总是盯着那10%的错误，而要更多地想一想那些好事情，这样才能拥有更幸福的人生。

小米和小敏都在同一家企业工作。小米学历很高，大学本科毕业，在企业里是管理人才。小敏呢，则是普普通通的工人，每天从事着最简单的工作。然而，在下岗的浪潮中，小米和小敏不约而同地被列入裁员名单。对此，作为管理人员的小米简直如同晴天霹雳，她不知道自己除了眼下即将失去的工作，还能做什么。小敏虽然也因为下岗的事情很忧愁，但是她丝毫不认为自己的生活会陷入绝境。在经过短暂的心理波动后，她马上想出一个好主意：在没有找到工作之前，卖水饺为生。

原来，小敏包的水饺特别好吃，每个吃过她水饺的亲戚朋友，都对那美味的水饺念念不忘。正好厂里有一排门面房要出租，小敏借着下岗的机会，请求厂里的领导照顾她，居然以低于市场30%的价格租到了一间很大的门面房。由于厂里的食堂也实现改革，不再是免费的，为此很多和小敏相熟的员工都愿意照顾小敏的生意。尤其是在吃腻了食堂的饭菜之后，他们宁愿多花几块钱，也去小敏的饺子馆里吃饺子。渐渐地，小敏在附近的名气越来越大，很多周围的居民知道小敏的饺子馆讲良心、用料好，而且干净卫生，偶尔不想做饭，也会光顾小敏的饺子馆。转眼之间，一年多的时间过去了，小敏的饺子馆开得红红火火，她觉得比在厂里的时候挣得更多，也更开心。她还想扩张饺子馆，为饺子馆里上一些凉菜和家常炒菜呢！对于未来，小敏非常乐观，充满了渴望。相比之下，小米的命运就没那么好了。离开企业之后，小米已经不再像当初进入企业时那么吃香，再加上人到中年，因此她处处碰壁，居然在家里待业一年多，整个人也变得蔫头耷脑，毫无自信。

小米和小敏都面临下岗，按理说，她们的命运在下岗的时候是相同的，而且小米学历更高，可选择的空间更大，也更容易找到好工作。那么，她为何反而在家中待业一年多，都没有找到心仪的工作呢？归根结底，在于她没有端正心态。她刚刚大学毕业就进入企业当管理者，如今一下子天壤之别，居然成为待业人员，为了面子，她不愿意从最基础的岗位开始，高不成低不就，把自己弄得毫无信心。其实，下岗根本没什么可怕的。现代社会，工作的机会很多，只要人勤奋，轻而易举就能找到合适的工作。诸如小敏，从最简单的饺子开始做起，如今已经拥有稳定的客户群体，还想扩大经营呢！和小米相比，小敏对于人生显然更加自信，也更有闯劲。的确，人生有着无限的可能性使我们充满希望，也会出现各种各样的意外情况使我们措手不及。真正的强者拥有强大的内心，所以能够端正心态，不管面对人生的风雨还是坎坷泥泞，都始终勇往直前。

我们每个人的感受，都是由我们的心态决定的。当我们把事情想得简单，事情就会真的变得简单。当我们把生活想得美好，即便生活不够美好，也不会糟到哪里去。心理学上的心理暗示法，正是通过影响人们的心态，改变人们在诸多方面的表现，这是有科学依据的。朋友们，从现在开始就让我们以良好的心态面对生活吧，相信一切都会变得更加顺遂如意。

勇敢表白，为自己争取幸福

很多人都在追求幸福，幸福到底是什么？有些人觉得住大房子、开好车是幸福；有些人觉得嫁个好老公是幸福；有些人觉得升官发财是幸福；有些人觉得家人平安健康是幸福；有些人觉得拥有知心好朋友是幸福……如果说一千个人眼中就有一千个哈姆雷特，那么一千个人眼中就有一千种幸福。幸福，是一种没有标准感受和定义的感觉。在追求幸福的路上，有人轻轻松松就找到了，满心欢喜；有人寻寻觅觅而不得，痛苦不已。其实，能否找到幸福主要取决于我们的内心。欲望多的人往往不容易觉得幸福，因为他们始终无法满足自己；欲望少的人很容易就能得到幸福，因为他们总是感到满足。

幸福如何才能得到？当我们降低欲望，让心变得简单，幸福也就接踵而至。幸福就像是我们的小尾巴，只要我们不断地在人生的道路上前行，幸福就会始终尾随我们。然而，很多人，尤其是恋爱中的女人，常常把自己的幸福交给他人把握，这样做是非常危险的。很多女性，依然保留着传统的思想。明明心里有喜欢的人，却总是不敢主动说出来。在以男性为主的封建社会，女性不得不压抑自己的感情，成为任人摆布的棋子。然而，现代社会讲究男女平等，即使在爱情方面，女性也可以做到和男性一样勇敢表白。很多女性朋友担心如果表白遭到拒绝，会很没有面子。

其实，相比一辈子的幸福，面子有那么重要吗？退一万步说，即使被拒绝了，也不是什么丢人的事情。爱情原本就是两情相悦，一厢情愿肯定不会幸福。对于一个你爱他而他不爱你的男人，聪明的女性都会选择放弃，而不会一条路走到黑。所以，勇敢表白吧，你要为自己争取幸福啊！

米娜和刘刚是大学同学。原本，他们只是普通的同学关系，然而，自从米娜看到刘刚在篮球场上英姿飒爽的身姿之后，就暗暗地喜欢上高大帅气的刘刚。刘刚呢，自然是个万人迷。他不但是篮球场上的"王子"，还是大家公认的"校草"。有很长一段时间，米娜都沉浸在单相思之中。她很自卑，总是想：刘刚那么优秀，那么帅气，又有那么多女孩子喜欢他，他一定不会接受我这个灰姑娘的。有一次，米娜把自己的心事告诉好朋友微澜，微澜听到之后极力鼓舞米娜表白。微澜说："米娜啊米娜，你还是我认识的那个天不怕、地不怕的米娜吗？一个小小的刘刚就让你变得胆怯了，这可真不是我心目中的你。刘刚有什么呀，不就是个子高一点儿、人帅一点儿嘛！你看看你，高考的文科状元，才华横溢，写得一手好文章。他要是拒绝了你，就说明他不值得你喜欢！"在微澜的鼓励下，米娜决定表白。

米娜文思泉涌，又加上长久单相思的酝酿，所以洋洋洒洒地很快就写了一篇长长的情书。她鼓起勇气，把这封情书当面交给了刘刚。之后的三天，米娜忐忑极了：刘刚会以怎样的方式拒绝我呢？我会不会"死"得很难看？我一定会很丢人吧！不想，三天之后，刘刚送给她一封更厚重的回信。看完这封信，米娜不由得心花怒放。原来，刘刚早就喜欢上笔下生花的米娜。他在信里说："只有心灵美好的女孩，才能写出那么美丽的文章。我收集了你所有的文章，努力让自己变得更优秀，只为了配得上那位有才情的女孩……我根本不敢表白，因为在腹有诗书气自华的你面前，我觉得自己是那么渺小。"米娜第一时间去请微澜吃饭，她说："你可真是我的好姐妹，如果不是你，刘刚也不敢表白，我也不敢表白，那我们再有一年大学毕业之后，就生生地错过了。"微澜笑着说："我就说吧，不争取怎么能甘心呢！幸福都是争取来的，你赶快去找你的白马王子吧！"

很多时候，命运并非对我们不够眷顾，而是我们的忧思阻碍了我们开展实际行动，最终导致我们与机缘失之交臂。故事中的米娜的确应该感谢微澜，不管她和刘刚最终的结果如何，大学校园里的爱情都是人生一笔美好和宝贵的财富。正是微澜的鼓励，让她鼓起勇气，勇敢地迈出了第一步。

爱情中，彼此双方都是平等的。既然我们始终把男女平等挂在嘴边，自然就要以实际行动去证实。有很多女孩担心自己主动发起追求会显得不够矜持，其实，勇敢才是爱情的本色。当你们幸福地生活在一起，你的爱人一定会感谢你曾经的勇敢。

每个人都在追求幸福，幸福是什么？幸福就是我们对于人生的感受。每个人对于幸福的定义都不相同，对于女性朋友来说，很多人最大的幸福来源于爱情和婚姻。作为女性，保持独立，不但能够延长爱情保鲜期，而且可以使夫妻关系更加稳固。勇敢的女性非但不会显得不够矜持，还会使爱她的人更加爱她。爱情的道路上，不管谁先迈出第一步，都不会影响爱情的甜蜜。

幸福的唯一标准是，适合自己

对于生活，每个人都有无限的憧憬，希望自己能够像王孙贵族一样应有尽有，无须为生计而奔波忙碌。然而，也有些人放弃原本富贵的生活，甘愿成为"创二代"，一切重新开始，体现自己人生的价值。孰对孰错？没有答案。对于生活，每个人都有着不同的希望和渴求，因此，评判生活的标准并不是唯一的，而幸福与否关键在于每个人内心的感受。有人觉得住大房子就是幸福，有人觉得只要和爱人长相厮守就是幸福，有人觉得金钱和权势才是最重要的，有人却恨不得找一个偏僻的人迹罕至的乡村隐居，过那种世外桃源的恬淡生活。这些生活精彩纷呈，各有优劣，每个人都有不同的选择。然而，幸福的唯一标准是，要适合自己，使自己精神充实，心灵放松。就像前文所说的，合适的才是最好的。以婚姻为例，人们喜欢用鞋子来比喻婚姻，因为鞋子是否合脚只有自己知道。难以想象，假如我们穿着一双华丽的水晶鞋行走的时候将引来多少女人艳羡的目光，然而，更加难以想象的是，假如我们脚上因为这双中看而不中用的水晶鞋长满血泡，那么，我们的内心将会多么痛苦，我们的身体将会多么备受煎熬。出于这个原因，有人选择穿着适脚的布鞋或者是运动鞋，虽然不好看，但是却能够使双脚舒适地跋山涉水。由此可见，幸福生活的首要标准就是适合自己。

现代社会，人心越来越浮躁，在寻找人生伴侣的时候，很多年轻漂亮的女人因为爱慕浮华，选择嫁给年老体衰的富豪，其中的辛酸只怕只有自己知道。要想过上适合自己的生活，首先要改变虚荣心理。中国人尤其爱面子，很多人因为虚荣心打肿脸充胖子，殊不知，这样的做法最终害了自己。不管是生活还是工作，都必须适合自己。这样才能够使自己获得真正的幸福。

如今，玛丽面临着人生的抉择。她即将大学毕业，正在找工作，经过几个月的奔波，她最终得到了两个工作机会。一个是在一家世界500强企业担任文秘，典型的白领生活，出入高档写字楼，有机会和来自世界各自的客户一起交流。另外一个机会是在一家小型私人企业担任总经理助理，工作内容比较繁杂，但是可以锻炼玛丽的能力。而且这家企业的发展前景很好，作为总经理助理，玛丽无疑拥有很高的起点和发展潜力。最重要的是，这家企业是真心聘请玛丽的，给予她很高的薪水，总经理很真诚地邀请玛丽和企业一起成长。玛丽非常纠结，她不知道自己是应该选择去更体面的世界500强企业担任秘书，还是去这家私人企业担任总经理助理。在左思右想之中，尽管玛丽心里隐约意识到私人企业也许更加适合自己比较强的个性，但是因为虚荣心，她还是选择去了世界500强企业。玛丽把好朋友露西介绍给了这家私人企业，露西很高兴地去报到了。

一年之后，玛丽依然是个小小的秘书，因为世界500强的企业里人才济济，很难崭露头角。而露西呢？在私人企业中如鱼得水，因为出色的表现，很多时候都被总经理授权独当一面，简直与毕业的时候不可同日而语。看着春风得意的露西，玛丽非常后悔。因为虚荣心，她没有选择最适合自己的工作，而是选择了一个外表看起来光鲜的工作，最终耽误了自己的发展。

在考虑问题的时候，很多人都把别人的看法放在第一位，这其实是错误的。要知道，每个人都有自己的生活，即使你再怎么完美和成功，也难免会被人评说。正所谓，谁人背后无人说，谁人背后不说人。既然如此，我们还有必要处处在乎别人的看法吗？要想对自己负责，首先要从自身的角度看待问题，合理地解决问题，这样才能使自己生活得更好。假如玛丽当初选择去私人企业，那么不仅能够位高权重，而且能够使自己得到更多的历练，迅速成长起来。

不仅工作如此，生活中的很多问题都是这样的道理。在选择的时候，我们必须首先考虑自身的需要，看看哪种方案更适合自己。只有这样，才能够生活得更加幸福。外表的光鲜亮丽是没有用的，重点在于内心的真实感受。

第6章

静下心来，凡事要看开

这个世界上总存在着我们看不开的事情，工作受挫、失恋、亲人离开等，那些事情足以让我们情绪陷入低落，心也变得杂乱。其实，想得越多，自己受伤越多，还不如静下心来，看开一切，世界还是属于你的。

扩大内心的力量，在淡然中忍耐

在生活中，我们首要的目标是实现自己的价值，而不是求得所有人的同意。在我们身边，每个人的思维和行为方式都是不一样的，总会有一些跟自己合不来，他们有可能会对我们的言行进行羞辱，其实这都是极为正常的。因为我们不可能赢得所有人的心，在我们的朋友圈子以外，总会有那么几个人，肆意羞辱着我们，不怀好意地看着我们。不管怎么去做，我们都不可能让这样的人对我们的言行进行赞赏。对此，对于这些人的羞辱，内心强大的我们需要看得开。当然，不予理睬才是最有力的回击，如果我们心不甘、情不愿，打算与其较真，最后吃苦头的只能是我们自己。既然那些羞辱我们的人是丝毫不会理解我们的，那他的羞辱对于我们而言，就是毫无意义的，就好像盘旋在我们头顶上嗡嗡叫的苍蝇一样，我们不予理会，它自然会飞向其他的地方。所以，看开他人的羞辱，不要花太多的时间和精力去生气、愤怒，我们所需要的是知己，而不是这样一些唯恐天下不乱的人，因此，扩大内心的力量，在淡然中忍耐，看开来自他人的一切羞辱。

一个人如果总是患得患失，太注重别人的态度，并将自己的得失建立在别人的言行上，那自己怎么会开心呢？对于自己的所作所为，别人肆意羞辱，那就让他羞辱好了，又何必在乎一个自己原本不在乎的人所说的话呢？如果对方没看清楚事实，那根本就是这个人的损失，与自己无关。我们应该学会忍耐，看得开，给予对方最有力的回击。

当爱情不再时，不可爱得愚痴

生活中无不存在着得与失、进与退、坚持与放弃、去与留、成功与失败，面临着一个个主动或被动，有意或无意的选择、巧合和错过。有得必有失，有失也会有得。有时候，得到的未必是不好的，或者说不是最适合你的，也未必长久；失去的也未必是好的，是你最想要的，也未必昙花一现。爱情正是如此。爱情是世间最美好的事物，因此才引得人们追逐，但爱情应该是世间万物自然孕育而成，它本来是无形的，所以不能刻意地给它总结答案。爱的自然性注定爱情首先要以宽松为基准，然后它才是快乐的。爱情源于自然，只有这种自然而生成的爱恋才会更持久。爱情会遁形于我们内心的深处，只有融入我们心灵深处的爱才是最美丽的事物，所以，我们绝不可强求爱情，应爱得轻松，当爱情不再时，也不可爱得愚痴，越是随意的情感才会让人心情放松。

他和她是大学同学，大一那年，他们就恋爱了，他很会照顾她，她像一只小鸟儿一样偎依在他的身旁。毕业后，看着周围的同学都劳燕分飞，为了巩固他们的爱情，他们决定马上结婚。这件事一直成为同学和朋友们广传的佳话。

毕业后，他们在父母的资助下，办起了工厂，两人小日子过得越来越好，后来，有了孩子后，他便让她专心在家照顾孩子，她做起了全职太太。她的生活从此变得单调起来，开始胡思乱想，有时候，只要他一天不回家，她就开始担心他是不是和别的女人在一起，只要他一回家，她就翻看他的电话记录，他的神经也被她弄得紧张起来。最可气的是，经常当他在开重要的会议时，他的电话会响个不停。长此以往，他觉得她变了，他和她在一起，也累了。于是，他准备离婚。当他向她提出这点的时候，她什么都没说。第二天，当他回家的时候，却发现，她已经吞食了一大瓶安眠药。

我们不免为故事中的女主人公感到惋惜。事实上，我们生活的周围，像这样为爱放弃生命的案例并不鲜见，他们把全部的精力投入爱情中，以至于迷失了自己。

的确，生活中，有太多对于爱情执着的人。爱是一种那么模糊的东西，你说不明白它到底是什么。它或许是你早晨睁开眼睛的一个微笑，或许是你杯子里热腾腾的绿茶，或许是恋人的一个脉脉的眼神，或许是爱人在你肩头的一个细微的抚摸，或许是深夜孤独时的美丽灯光，或许是你寂寞时节里一条祝福的短信……

你不能说明白爱情到底是什么，但是它却在你的身边环绕着。爱有很多种，有的你可以直接感觉到。例如，对爱人的牵挂，对孩子的亲昵，对老人的惦念，对朋友的祝福。但是这个世界上还有一种爱，你捉不到，看不见，它只能在你内心的深处，悄然的、静静的，在你的内心里泛着波澜。那种爱，你不可以把它拿出来，在阳光下曝光，不可以把它成你生命中的伴侣，因为这种爱，叫作放手。

强求来的爱，或长或短，总会离散。那本不属于自己的人，最终总会走远。你对佛说："为什么属于我的爱我得不到，为什么让我那么悲伤。为什么执着的我那么受伤害。"佛说："有一些东西本不该属于你，有一些东西只要你曾经拥有过，就应该叫作幸福。因为有一种爱叫作放手。"

任何人，只有结束不适合自己的恋情，才是一种解脱，才能给自己机会，重新寻找新的幸福。

其实，在我们的生活中，有一些东西是不属于我们的，就如道路两边的行道树，只能远远地相望，永远不能牵手。其实远远地相望也是美丽的，美丽的欣赏，美丽的相望，美丽的祝福，这就是爱。这种爱就叫作放手。

我们都是平凡的红尘男女，挣不出爱恨纠缠的情网，逃不出爱与被爱的旋涡。心碎神伤后，是漫无止境的寂寞。寂寞吗？或许吧。但是细细体会寂寞后的洒脱，想想除他以外的快乐，想想再也不用为了猜测他的心思而绞尽脑汁，会不会轻舒一口气，感觉轻松一点？

保存希望，绝境中找到希望之花

魏尔仑说："希望犹如日光，两者皆以光明取胜。前者是荒芜之心的神圣美梦，后者使泥水浮现耀眼的金光。"要知道，每一个明天都是希望，无论自己身陷怎么样的逆境，只要想得开，不感到绝望，因为我们还有许多个明天。只要未来有希望，人的意志就不容易被摧垮，前途比现实重要，希望比现在重要，人生不能没有希望。只要你想得开，你就永远不会绝望。生活中，每个人在某个时刻都会面临绝境，但它往往并不是真正的生命绝境，而是一种精神和信念的绝境。只要你的精神不倒，保存希望，即使在绝境中，也能寻找到希望之花。

在人生的道路上，挫折和逆境都是在所难免的，而那些磕磕绊绊、坎坎坷坷也是我们无法预料的，但是，有一点我们一定要牢牢记住：想得开，就一定有希望。在遭遇逆境的时候，不要为此沮丧忧虑，不管发生了什么事情，无论自己的处境多么糟糕，都不要沉溺在绝望中无法自拔，千万不要让痛苦占据你的心灵。想得开，心怀希望，当困难来临的时候，我们才有勇气直面困难、打倒困难，并以顽强的意志战胜困难。亚伯拉罕·林肯在一次竞选参议员失败后这样说道："此路艰辛而泥泞，我一只脚滑了一下，另一只脚也因而站不稳；但我缓口气，告诉自己'这不过是滑一跤，并不是死去而爬不起来'。"因为凡事想得开，怀抱着必胜的希望，所以，他的人生从来没有绝望过。

1832年，毕业于哈佛大学的亚伯拉罕·林肯失业了，这令他感到很难过，他下定决心要成为政治家，去当一名州议员。但是，糟糕的是，他在竞选中失败了，在短短的一年里，林肯遭受了两次打击，对他而言无疑是痛苦的。接着，林肯开始创业，当即开办了一家企业，可是还不到一年，这家企业倒闭了，在这之后的17年里，林肯都在为偿还企业欠下的债务而奔波劳累。不久之后，林肯又一次竞选州议员，这次他成功了，在林肯内心深处有了一线希望，他认为自己的生活有了转机，心想："可能我就可以成功了。"

然而，人生的逆境好像永远没有结束的那一天。1835年，亚伯拉罕·林肯与漂亮的未婚妻订婚，但离结婚的日子还差几个月的时候，未婚妻却不幸去世，林肯心力交瘁，几个月卧床不起，没过多久，他就患上了精神衰弱症。1838年，林肯觉得自己身体好了些，他决定竞选州议会议长，但是，在这次竞选中他又失败了。再接再厉的精神鼓舞着林肯，1843年，林肯竞选美国国会议员，这次他所面临的依旧是失败。但是，林肯却一直没有放弃，他并没有说："要是失败会怎样？"1846年，林肯竞选国会议员，这次他终于当选，但两年任期过去，林肯面临又一次落选。不过，林肯并没有服输，1854年，他竞选参议员，但失败了，两年之后他竞选美国副总统提名，但是却被对手打败，两年之后他再一次参与竞选，但还是失败了。无数的失败并没有让林肯放弃自己的追求，1860年，亚伯拉罕·林肯当选为美国总统。

回看林肯的一生，似乎全是逆境的生存，但是，在任何时候，林肯都能想得开，没有放弃过，他始终怀抱着必胜的希望。虽然，与逆境相抗的过程给我们带来了压力和痛苦，但是，这些难忘的经历却有可能让我们赢得成功。

许多人陷入逆境，总是悲观绝望，给自己增加很大的压力。事实上，逆境是另一种希望的开始，它往往预示着美好的明天。你只需要告诉自己：希望是无处不在的。那么，再大的困难也会变得渺小，再糟糕的处境也会有所好转。

无关紧要的人和事，让它随风而去

在面对生活的很多不如意时，我们选择生气，选择用愤怒充斥自己的心灵，仇恨我们的敌人。其实，仁爱的耶稣曾经说过，让我们爱自己的敌人。乍一听这话，觉得很费解，如果琢磨透其中的深意,我们就不难明白耶稣的良苦用心。爱敌人,其实是爱我们自己,因为当恨仇敌人的时候,其实就是给敌人送去战胜我们的力量。敌人也许不用费吹灰之力,仇恨就会影响我们的睡眠、健康、快乐等一系列与我们的生活密切相关的方方面面。当他们知道我们因为生气而整天痛苦不堪时,他们岂不是要心花怒放?仇恨无法帮助我们惩罚敌人,却会使我们自己终日活在地狱中。

米尔瓦基警察局曾经对公众发出了一则公告,内容如下:"自私的人想占你便宜,千万别理会他,更不要试图报复他。如果你跟他一样,那就会深深地伤害自己,使自己所受的伤害比他更大……"如果我们能够理解这则公告的意义,就不会轻易地生气,因为生活中的绝大多数人都是不值得我们为了他而伤害自己的。从某种意义上来说,生气不是一种恨,而是一种爱,只有你爱的人,才值得你为他生气。至于那些无关紧要的人和事,就让它们随风而去吧!

很多时候,我们无法控制自己的情绪,在面对不如意的时候,总是不由自主地生气。这一切,都是因为我们没有意识到生气对我们的身体健康和心情的负面影响。要想少生气,我们首先要开阔自己的心胸,因为这个世界上本没有那么多是是非非。其次,我们还要认识到生气本身对我们的伤害,只有这样,我们才会因为珍爱自己的身体而减少生气的频率。总之,生气对我们有百害而无一利，我们必须慎重地对待生气。假如让你喝下一杯毒酒，你愿意吗？答案当然是否定的。面对生气，我们也要采取如此审慎的态度。

生气不是惩罚别人，而是用别人的错误惩罚自己。明白了这一点，你还愿意为那些不相干的人和事生气吗？

别在他人的世界里迷失方向

我们每一个人都是独立而又充满个性的个体，不是复制品，也不是他人随心所制造的商品模子，所以我们需要活出自己，不能在他人的世界里迷失方向。不要依据别人的标准来改造自己，那样只能让你更加痛苦，就像穿了小鞋走路一样，往往会使你远离成功。

童话里的红舞鞋漂亮、妖艳而充满诱惑，一旦穿上，便再也脱不下来。我们疯狂地转动舞步，一刻也停不下来，尽管内心充满疲惫和厌倦，脸上还得挂出幸福的微笑。当我们在众人的喝彩声中终于以一个优美的姿势为人生画上句号时，才发觉这一路的风光和掌声带来的竟然只是说不出的空虚和疲惫。

因此，我们应该理性而又正确地看待他人的评价，学会淡然一点、放松一点。不管身处何种情境，都不必为他人的指指点点而迷失方向，找不到做人的准则。不必处处担心别人怎么想自己、看自己。当你懂得了这种释然，你就会体会到什么才是真实的、无忧无虑的生活。

1.请记住自身不可替代的优点

每个人都是一个个体。为了活得更好，个体与个体之间出现了相互作用。但是，无论如何，我们都不要失去自我。因为这个世界存在一个共同特点——优胜劣汰。每个人都有优点，这个优点就是我们作为个体所需要极力展现出来的，就是我们所需要的自我的一面。

2.不要让自卑蒙蔽双眼

自卑是一种因过多地自我否定而产生的自惭形秽的情绪体验。自卑感是一种觉得自己不如他人并因此而苦恼的感情。有这种心理状态的人，常常对自己的能力、品质等做出偏低的评价，总认为自己比别人差而悲观失落。自卑的最大负作用，就是会让你的人生碌碌无为。

3.不要把面子看得太重要

其实很多时候，不要面子会活得更好。面子只是一种表面的尊严，过分维护这种尊严，往往是内心脆弱的表现，会丧失自我。要面子是许多人获得简单和快乐的最大障碍。面子其实是一种虚荣心理，它和道德相比，只不过是一抹浮云和一阵轻烟罢了。

4.繁杂社会，勿忘本心

人人都有自己的本心，在时刻变化的社会中，我们要前进、要时尚，但是请不要忘记自己的本心，请记得保持好本真的自己。我们为了所谓的生活，忘记了本来保留在我们身上的东西，我们最讨厌阿谀奉承，但是我们自己却总是在阿谀奉承，我们不喜欢某个人，却因为某种原因去说他的好，之后连自己也觉得虚假不堪。

对于他人的想法，请不要过度关心，更不要为了迎合别人而委屈自己。别人的永远都是别人的，只有自己的才是自己的。这个世界上，唯有合脚的鞋子穿起来才会舒服，才能跑得更快一点。

有些事情真的是你想多了

我们看一下这样一个情境，相信很多人都遇到过类似情况：因为朋友的生日聚会，你认识了一位新朋友，并留下了联系方式，但是每一次你看到她，她都表现得好像不认识你。事实上，她看起来就像对你视而不见一样，你开始觉得很不舒服，想着："这个人是不是故意的？装什么装？"于是，你越来越反感她，以为对方觉得你不配跟她做朋友。

但是你有没有想过，她会如此冷淡，可能有其他原因。

或许这个朋友太忙了，根本没注意到你；或许她的眼睛近视，没看清；或许她正在思考问题，压根没看到；或许她和你想的是一样的……

总之，这位朋友的行为或许不是针对你个人的。

其实，这就是一种心理敏感，一个人心理过于敏感的时候，总是会疑神疑鬼，想东想西，拿着自己的小心思去揣测别人，把事情想得很坏很糟糕，从而越发烦闷。在我们的生活中，有很多人在面对问题时都有这种很奇怪的想法。世上不知道有多少人因为神经过敏而陷于人生困境。如果大家不懂得及时控制这种消极情绪，那会活得很累很累。

陈凯，精明能干，深得领导的器重，一直被委以重任。虽然这几年，陈凯给公司立下了汗马功劳，并且处处为公司着想，但是王经理只是象征性地给他涨了几次工资，多发了一些奖金，在开会的时候多表扬了几句。陈凯感到很郁闷，他想等到年底再说，如果领导再不给他升职，他就不想在公司继续干下去了。

时隔不久，公司遇到了一个大客户，为了保险起见，王经理让陈凯这位工作多年的老业务员去谈业务。业务进展得很顺利，陈凯发挥自己的聪明才智，非常迅速地把这笔业务谈成了。

王经理自然很高兴，在和客户吃饭的时候，对方夸陈凯能力出众，于是随口讲了一句："陈凯这种人才，你可一定要看好啊！小心我把他挖到我们公司来。"其实这本来就是一句玩笑话，王经理却多了个心眼，以为陈凯准备跳槽。

为了留住陈凯这位得力干将，他准备提拔陈凯，但是在给总公司递交报告时，他又开始担心起来，如果陈凯将来升到自己的位置上去怎么办？另外，他还有一个心思，他觉得陈凯这么快就把业务谈下来，也许用了什么不光彩的手段，如果将来陈凯用这种手段算计自己，怎么办呢？想来想去，部门主任的位子最后落到了另外一个年轻人的身上，而这个年轻人，居然还是陈凯当初手把手教会的徒弟。

陈凯非常生气，于是他提出辞职，王经理也没有挽留，随手就在陈凯的辞职报告上签了字。陈凯见这位王经理如此绝情，二话不说，立刻答应某公司聘请自己的要求，第二天便到别的公司去上班了。

等到这个时候，王经理才慌了手脚。陈凯这一走，带走了许多客户不说，他暂时也找不到像陈凯这么能干的人。当季度结束的时候，他由于没有完成计划而受到上司的批评，还被降了职。他多疑的性格导致陈凯的离开，也断送了自己的前程。

过于敏感的人，精神常处于高度紧张之中，往往凭自己的想象、好恶来认识周围的一切；把自己看得很重，容不得别人的合理冲撞，对恩恩怨怨这类事看在眼里、记在心里，老是放不下他人对自己的态度，活得很累，自身消耗很大，影响工作、生活和友谊。

那么，我们怎样做才能改善自己敏感的心理，保持良好情绪呢？

1.不在意他人的评价

很多人害怕别人的眼光和评价，总觉得对方在笑话自己，因此感到紧张、窘迫。想克服这种敏感心理，最好的办法是用你的眼波接住对方的眼波，久而久之，你就会发现自己就是自己，可以自如地生活在千万双眼睛织成的人生网格里。

2.遇事大度一点、豁达一些

为人处世要"大智若愚"，要心胸宽广，遇事大度一点、豁达一些。一个人想要在社会上打拼一番，一定要与他人保持融洽、和谐的关系，具备宽宏大量的风度和修养，切不可总是小肚鸡肠，对任何事物都过分敏感。有了这样的态度，成就一番事业，就指日可待。

3.放开自己的内心

要学会开放自我，只有获得友谊，才能令身心获得归属感，走出自我封闭。通过交朋友，从中获得鼓励、信任、支持和安慰，满足各种心理需要，培养正确的自我意识和合群个性，学会与人合作和相处。

4.不要总是疑神疑鬼

敏感的人喜欢猜疑。改善敏感心理的另一个方法是自我暗示法，当你怀疑他人在一旁议论你时，首先弄清楚自己的怀疑有没有事实做依据，假如没有事实根据那就是你疑心生暗鬼，就不要放在心上，更不要胡思乱想。

偏见会让人变得格外可怕。如果你总是敏感地怀疑他人，那你就极易产生偏见思想。所以，当你又出现疑神疑鬼的心理时，不妨先去做个调查，看看到底是不是自己多想了，当发现自己的想法跟别人不一样时，一定要进行换位思考，是不是受到偏见的影响。

第 7 章
在有限的时间，过喜欢的生活

  人生的长度是有限的，但宽度却是无限的，在有限的时间里，我们要勇敢去过自己喜欢的生活，别总是受别人意见的左右，而是遵从内心的选择，选择适合自己的那条路，过属于你自己的人生。

太多的顾虑，会让你无法专注幸福

人的一生，要经历很多的人和事，不管我们愿不愿意，这些人和事都会或多或少地在我们的心中产生挂牵。对于过去，我们常常感到后悔；对于现在，我们也经常陷入迷惘；对于还没有来到的，我们有太多的想法。如此，快乐总是与我们擦肩而过。

其实，人生幸福最大的敌人就是想法太多、患得患失，在这种心理的支配下，得到了会担心什么时候失去，就会千方百计地保住手里的东西；失去了又会心有不甘，就要处心积虑地想着如何再赚回来，每日忧心忡忡、殚精竭虑，又怎么能享受那份轻松的快乐呢？

不得不承认的是，我们每个人都要对生活、人生有想法，毫无目的的人生显然是浑浑噩噩的，只是如果我们想法太多，就会给自己带来更多的困扰。这些困扰就像是一块块压在心头的巨石，让我们的心逐渐变得冰冷而又僵硬，快乐也会随之离我们远去。那么，幸福、快乐的生活蓝图又是怎样的呢？

从前，有一对孪生姐妹，姐姐嫁给了一个有钱人，过上了锦衣玉食的生活，但她似乎并不快乐。妹妹则嫁给了一个豆腐作坊的穷人。有一天，闲来无事的姐姐想去看看妹妹过得怎么样。来到妹妹家，她看到妹妹正在辛勤劳作，却还唱着歌儿。姐姐恻隐之心大发，说："你这样辛苦，只能唱歌消烦，我愿意帮助你，让你们过上真正快乐的生活，谁让我们是姐妹呢？"说完，她放下一大笔钱，送给妹妹。

这天夜里，姐姐回到家后，躺在床上想："妹妹不用再辛苦做豆腐了，她的歌声会更响亮的。"

第二天一早，姐姐又来到作坊，但却听不到妹妹的歌声。她想，妹妹可能激动得一夜没睡好，今天要睡懒觉了。

但第二天、第三天，还是没有歌声。姐姐好奇怪。就在这时，妹妹拿着姐姐给自己的钱，着急地对姐姐说："我正要去找你，还你的钱。"

姐姐问："为什么？"

"没有这些钱时，我每天做豆腐来卖，虽然辛苦，但心里非常踏实。每天晚上，能和丈夫、孩子一起数今天赚了多少钱。自从拿了这一大笔钱，我和丈夫反而不知如何是好了——我们还要做豆腐吗？不做豆腐，那我们的快乐在哪里呢？如果还做豆腐，我们就能养活自己，要这么多钱做什么呢？放在屋里，又怕它丢了；做大买卖，我们又没有那个能力和兴趣，所以还是还给你吧！"

姐姐非常不理解，但还是收回了钱。第二天，当她再次经过豆腐坊时，听到里边又传出了小夫妻俩的歌声。这时，她似乎知道为什么妹妹过得比自己幸福了。

听完这个故事，可能也有些人有所感悟，的确，金钱、权力、地位都不是我们幸福的源泉，换个思维方式，其实，简单、平淡的生活就是对幸福的诠释，只有专注体会身边的幸福生活，并不断感悟，我们的幸福指数才会不断上升。

《飘》的作者玛格丽特·米契尔曾说过："直到你失去了名誉以后，你才会知道这玩意儿有多累赘，才会知道真正的自由是什么。"的确，在光鲜靓丽的外表下，在闪烁的灯光下，是一颗无法言语的疲惫的心。因此，幸福，它不是千金的财富，不是受人注目的地位，幸福是属于你自己的，如果你总是认为爱人赚的钱没有别人多，待遇没有别人好，孩子没有别人聪明，日子过得没别人滋润，那么你就感受不到幸福。如果你把关注点放在家人的健康、有衣穿、有食物吃，一家人能够每天聚在一起吃饭，那么你就会觉得幸福。的确，关于幸福，变个思考的方式，一切就会不同。

可见，快乐缘于简单，想得多了，快乐便少了。心无挂碍，就能让我们放下一切负担，与快乐结伴同行。那么，现实生活中的人们，我们该如何放下那些太多的想法、专注于眼前的幸福呢？

首先，你需要看淡权力与地位。

德国精神治疗专家麦克·蒂兹说："我们似乎创造了这样一个社会：人人都拼命地表现，期望获得成功，达不到这些标准心里便不痛快，便产生耻辱感。"细究我们苦恼的原因，更多的是由于在现代的"嗜欲场"上，"肝肠"不是太"冷"，而是太"热"——太热衷于金钱、财富、地位、名声这些所谓"成功"的标准。达不到，就苦恼。什么程度算达到，自己也搞不清，因此只有永远苦恼下去……而学会以淡泊之心看待权力与地位，既是免遭厄运和痛苦的良方，也是超然于世外的智慧。对这类苦恼，要想摆脱它，就要把名利、把世俗眼中所谓的"成功"看淡一些，就像屠隆讲的"肝肠欲冷"。

其次，你要让自己成为一个有价值的人。

爱因斯坦说："不要努力成为一个成功者，要努力成为一个有价值的人。"英国作家王尔德说："人真正的完美不在于他拥有什么，而在于他是什么。"新时代的人们都要努力为社会、为国家创造价值。例如，对于个人来说，过多的财富是没有多少用的，而为社会创造财富，并把多余的财富贡献给社会，就能体现我们的价值。

可见，生活中的人们，如果你不想被芸芸众生所淹没，那就保持一颗区别于世俗的心。乐于淡泊、安于淡泊，并不表明拥有超凡脱俗的境界，只是自己一种固有的生存方式的自然呈现。淡泊名利，你也就远离了苦恼，得到了幸福。

静下心，放下浮躁的情绪

现代高速运转的社会让生活中的我们变得浮躁起来，在灯红酒绿的都市生活中，到处充满着诱惑，然而，能做到静下心来的又有几人。在充斥着各种颜色的生活中，人性中的单纯、朴实早已被我们甩在身后。也许在这个快节奏的时代，我们真的走得太快，是该停下脚步的时候了，等一等被我们丢远的灵魂。这样，才能让自己的心静下来，思索我们的人生。让心静下来，放下心中的浮躁。我们先来看下面一个故事：

曾经有一位总统，他远离公务和烦琐的生活，来到一间寺庙，他每天的工作只剩下两件事：拜佛和念经。

一天，寺庙的住持来探望他，他很疑惑地问住持："师父，庙里的桂花为什么这样香？"

住持说："哪儿的桂花不香呢？"

他说："总统府的桂花就没有香味！"

住持有些奇怪，问："总统府的桂花全是从雪岳山移过去的，怎会没有香味呢？"言毕，唤一童子进来。说："冬天快来了，送一盆夜来香，伴总统念佛。"说完，住持便离去了。

一年以后，住持又来看这位总统，总统指着小茶桌上的夜来香，说："这盆夜来香想必是名贵品种吧。"住持不解其意，问："何以见得？"总统说："它不仅夜里香，白天也香！"住持说："这是从房前随便挖来的一棵，它不是名品，是不能再普通的一种。"总统说："过去我家也有一盆夜来香，可是，白天从没有人闻到过香味。这盆不同。"

住持说："过去一位禅师说过：'夜来香其实白天也很香，人们之所以闻不着，是因为白天，心太躁了！'现在你能闻到香味，可能是心境不一样了。"

后来，谈起寺庙的经历和如今的生活，总统坦诚自然。回去后，他写了一篇题为《宁静安详，始知花香》的文章，最后有这么一段感慨："假如你现在感觉吃什么都不香；看再美的景致都不激动；住再大的房子、坐再好的车，都没有幸福感。一定是你变了，变得离真实的生活愈来愈远了。"

两年后，总统离开寺庙前往首都服刑。这位总统的名字叫全斗焕，1980年至1988年任韩国总统。现在他住在陕川老家，过着平民的日子，品味着桂花的芳香。

这位住持的话让我们深有感悟，的确，当我们心情浮躁的时候，又怎能感受到那份宁静的幸福呢？曾经有一位百岁老人谈起他的长寿秘诀："我每活一天，就是赚一天，我一直在赚。"这就是生命的真谛：豁达、坦然。

尘世中的我们，是否有这样一种安然、宁静的心呢？你是否深思过自己是否已被这纷乱的世界扰乱了思绪？你还是原本的那个自己吗？

的确，当今社会，我们总是不断地接受来自物质引诱的考验，很多时候，我们在追求目标的过程中，可能并没有意识到自己的心灵已经被那些虚幻的美好理想束缚了。生活远没有理想那么简单，理想的存在固然可佳，可我们要做的是如何让理想接受现实的催化。就像一件被打造的利器，不经过熟火的炙烤、重锤的锻造怎么能固握在战士的手中？清空你的心灵，你就会接受失败的馈赠、成功的赏赐。

那么，心灵可能会有什么垃圾呢？对曾经的成功、过时的褒奖、短暂的胜利、过期的佳绩的迷恋，当然，还有失望、痛苦、猜忌、纷争……净心就是把自己当人看，既然是人就有人的样式，有自己的优点更要正视自己的缺点。你的优点可以促使你成功，缺点又何尝不会让你在平淡乏味的生活中体会意外的精彩？每个人的生活都可以丰富多彩，不要让生活因为你的缺点有所欠缺。或许你不知道清空之后心灵会有什么改变。

对此，我们要懂得调节。

第一，学会读书。让自己内心平静的方法莫过于独处，上一炷檀香、一壶水、一缕清茶、一盏杯。水从高处慢慢冲入杯中，一切仿佛慢了半拍，茶叶在水中的翻转腾挪，一缕香气弥漫出来，心境逐渐随之平静。实际上，人生本如茶，一泡洗净铅华，二泡三泡满品精华，四泡五泡回甘香灭。

第二，和自己比较，不和别人争。你没有必要嫉妒别人，也没必要羡慕别人。你要相信，只要你去做，你也可以。为自己的每一次进步而开心。

第三，常反省自己。人虽然是不断前进的，但前进的过程中，难免会出现一些阻碍、陷阱等，一个人想不迷失自己，就应时时反省自己，排除前进道路上的种种诱惑和阻碍，从而使人生之路越走越宽。

第四，心情烦躁时，多做一些安静的事，例如，喝一杯白开水，放一曲舒缓的轻音乐，闭眼，回味身边的人与事，对新的未来可以慢慢地梳理，既是一种休息，也是一种冷静的前进思考。

第五，多阅读，提升自己。阅读实际就是一个吸收养料的过程，你的求知欲在呼喊你，活着就需要这样的养分。

很多时候，人们之所以生活得快乐，是因为心思简单；之所以内心平静、心态平和，是因为心胸开阔、豁达大度；之所以从容自如、气定神闲，是因为内心宁静、淡定。总之，只有定期给自己复位归零，清除心灵的污染，才能更好地享受工作与生活。

无法改变事情，就改变心情

朋友这样说："每个人都在寻找快乐，而只有一个方法保证你找得到它，那就是微笑，人生，每天不一定都能得到快乐，如果碰到烦恼的事情，记得给自己一个微笑；如果碰到令自己生气的事情，也要给自己一个微笑。微笑，可使自己产生一种豁达的心态。"对自己微笑，也是一种积极的心理暗示，暗示心中一份好心情；给自己一个微笑，你会发现生活的美好其实就在心中。微笑，本身就是一种感情交流的美好神态，对别人真诚地微笑，体现了一个人热情、乐观的心态；对自己微笑，则是一份乐观的自信，让我们的心灵一直生活在愉悦之中。

古人云："人生不如意之事十之八九。"在日常生活中，我们总是避免不了一些烦心的事情。微笑，是一种愉悦的表情，当然，每个人都有情感的自然表露，但是对自己微笑，却不是每个人都能做到的。在人生道路上，既有坦途，也有坎坷荆棘，人们在失败时就消沉低迷，忘记了微笑是什么；在生气愤怒时就歇斯底里，忘记了微笑是什么。失败了给自己一个微笑，生气了给自己一个微笑，以平常心来面对生活中的那些成功与荣誉，你会发现生活其实很美好。在我们身边，有的人会成功，有的人却失败，造成这样不同结果的原因在哪呢？其实，我们都忽略了最重要的一点，那就是忘记了对自己微笑。

清水龟之助小时候，随着母亲到寺院去上香，看到方丈正在清洗新鲜桃子，清水龟之助站定了不想离开。方丈清洗完桃子之后，看见了他就把洗好的桃子递给了他，但他的妈妈却认为这样做不好，不让清水龟之助伸手接桃子，并对方丈说："师父你还是自己留着吧，这桃子若是给了他，你就少了一个！"方丈听了之后就笑了："虽然我少吃了一个桃子，但却多了一个吃桃的快乐。"说完，方丈便把新鲜的桃子塞到清水龟之助的手中，飘然离去。

从这以后，清水龟之助就懂得快乐是可以互相传递的。长大后的他因为生活所迫而成为邮差，刚开始的时候，他感到很苦闷，但他并不想把自己的苦恼传染给他人，所以，自始至终他在工作中都保持着微笑，不仅如此，为了获得一份愉快的心情，每天早上，他还会对着镜子给自己一个微笑。当他看到许多人在接到信件之后露出开心的笑容，那份快乐又传递给了自己，他觉得邮差这份工作还是挺有意思的。

每天一大早，清水龟之助就用自行车驮着报刊和邮件穿梭于城市的大街小巷，那些凡是接受过清水龟之助服务的居民都特别喜欢他，因为他每天都面带笑容。当居民们从他手中拿到信件和报刊的时候，也获得了一份他所传递过来的快乐。他的微笑使他获得了国家级的奖项——终身成就奖，在这之前那些获得这个奖项的人都是社会的精英，有的人对一个邮差获得如此殊荣感到不解。但是，在得知了清水龟之助的事迹之后，他们改变了自己的想法，纷纷为清水龟之助鼓掌。

在很多人看来，邮差是一份辛苦的工作，而且收入很微薄，于是，很少有人会将其作为自己一生的职业。然而，清水龟之助怀着开朗乐观的心态，对自己微笑，一干就是整整25年，成为日本少数的老邮差之一。成功的时候，需要给自己一个微笑，但我们不可流连太久；失败的时候，更需要给自己一个微笑，让轻松的心态去面对挫折；生气的时候，需要给自己一个微笑，让乐观的心态去战胜内心的不良情绪。对自己微笑，是一种积极的心理暗示，暗示自己没有必要生气。

梁实秋说："一个人发怒的时候，最难看。"确实，一个发怒的人，脸红脖子粗，龇牙咧嘴，难免会有损自身形象。俗话说："人们一发怒，上帝就发笑；上帝一发笑，人就很难平心静气地去思考。"相比较微笑，发怒的表情实在很难看，所以，就算是为了自身形象着想，我们也要学会对自己微笑，而不是将发怒的表情定格在自己脸上。每个人都要学会微笑，更好地享受生活，只有对自己微笑，快乐才会将生活围绕。微笑，不仅仅代表着我们的心态，而且，还能够有效地影响他人的心情。所以，学会对自己微笑吧，你会发现生活的美好其实就在自己心中。

虽然，我们无法改变事情，但我们却可以改变心情，不管自己遇到什么，都要学会对自己微笑。

生活若平淡，你就应从容向前

有句歌词这样唱道："曾经在幽幽暗暗反反复复中追问，才知道平平淡淡从从容容才是最真。"如果说生活是一张色彩鲜艳的图画，你会发现图纸上最多给我们呈现的是白色，是的，对于我们每一个人来说，生活的常态就是平淡，不大悲大喜，保持淡定的从容，我们才能深刻地体会到生活的真切。许多人在生活中，既不够平淡，又不够从容，身边的同事升职了，心中就腾起怒火；若是自己加薪、升职了，则欣喜若狂；相反，如果失去了发财的机会，他们就会捶胸顿足。事实上，淡定从容才是一种生活态度，更是一种心灵的至高境界。成功与失败只是生活中的一种际遇，对于我们来说，没有必要为了失败或成功而破坏心中那份幽静的心情，毕竟，繁华落尽不过是一纸的苍凉，灯红酒绿之后不过是漆黑的夜晚。

有着淡定从容心态的人，即便面对生命中的坎坷与不幸，他们也能以平和、不急不躁、不卑不怒的心态来面对，控制内心躁动不安的情绪，学会做情绪的主人。人的一生，总会面对得与失、升与沉、荣与辱、富贵与贫穷等这样一些迥然不同的遭遇。随着时间的流逝，我们应该明白这样一个道理：生活的平淡是常态，淡定从容则是不变的心态。虽然，我们只是一个普通人，在这样一些遭遇下，心境可能会起伏不定，但是，如果我们能够保持一颗平常心，抑制内心情绪的波动，那么，那些遭遇不过是过眼云烟。平静对待成功与失败，微笑面对荣辱，永远保持胜不骄、败不馁的心态，秉承淡定从容的生活态度。

佛曰："一花一世界，一草一天堂，一叶一如来，一砂一极乐，一方一净土，一笑一尘缘，一念一清静。"这一切都是源于心境，不去计较生活的平淡，不为失败而生气、沮丧，一花一草便可以是整个世界，那份洒脱、那份豁达、那份心境是常人所不能具有的。人生路上有鲜花、有掌声，有多少人能等闲视之；人生路上也有坎坷泥泞、满地荆棘，又有多少人能以平常心视之。我们要学会坦然面对人生中的失意与得意，平复心绪，既来之则安之，正所谓"荣辱不惊，闲看庭前花开花落；去留无意，漫随天外云卷云舒"。

小晨从小就喜欢唱歌，大学毕业后，父亲却语重心长地告诉他："想唱歌？你到底懂多少呢？先找口饭吃，找个地方住。"小晨只身去了广州，在老乡刚开业的快餐店打工，不要工钱，只要求吃住。在餐厅里，切肉、送餐、收账，小晨什么活儿都干，需要做什么就做什么，而且，总是面带笑容，即使遭遇苛求的顾客，小晨依然笑容满面。

后来，无意之间看到一则琴行吉他班招生的广告，小晨怀着不安的心情去面试了，没想到，老板相中了小晨的琴技，当即把他留了下来。从此，小晨一边在吉他班上课，一边开始商业演出。那段日子，小晨十分辛苦，不仅如此，所得到的报酬也是微薄的。不过，小晨笑着对朋友说："至少我现在有钱养活自己，不像以前，什么都没有。"

渐渐地，小晨在当地的名气传开了，经过朋友介绍，他开始在酒吧驻唱。不过，这并不是一件快乐的事情。小晨这样回忆说："在酒吧就是这样，我们都碰到过形形色色的人，喝酒闹事的、砸酒瓶子的、逼你喝酒的，但这就是酒吧，我们能怎么办？我们不过是打工的，遇到这样的事情，哪怕再委屈，也只有能忍则忍。"辛苦的日子终于过去了，音乐制片人发掘了小晨这颗音乐种子，无偿为他策划专辑、宣传，如今，他已经是炙手可热的歌手。

回想起以往的经历，小晨只是感叹："变化的是环境，不变的却是淡定从容的心态。"的确，无论世事如何变化，我们所能秉持的是那份不变的心态，不管失败抑或是成功，不同的遭遇，以相同的心态来面对，你会发现，自己在不知不觉中已经掌控了情绪。

《周易·系辞上》曰："乐天知命，故不忧。"当你怀着乐观、积极的心态，秉承着"知己为天所命，非虚生也"的信念，用豁达的心胸来面对人生中的成功与失败，你就会发现人生并没有那么可怕，也没有什么过不去的坎，更没有什么是放不下的。在人生的旅途中，做好自己，即使失去了也不要过于沮丧、抱怨，即便获得了也不要太过兴奋。人生路上，不要有太多的患得患失，也不要太计较自己的得与失，以一份淡定从容的心态来迎接人生中的每一次挑战，这看似是生命的无奈，实则是生命最绚丽的精彩。

时常问问内心，便会找到答案

生活中，我们经常要面临两难的抉择，尤其是在现在这个信息多而乱的社会，做出正确的抉择更不是一件易事，这就需要我们有出色的判断能力。然而，一些人在做出难以抉择的决定后，却因为害怕失败和失去而左右迟疑，当断不断，不愿实施，为自己带来很多困扰。那么，你不妨随"心"所欲，把这些事都交给自己的心决定，这样，你便能获得快乐，获得好情绪。

那么，我们如何做到随"心"所欲呢？

1.着眼于当下的工作

一群年轻人到处寻找快乐，但是，却遇到许多烦恼、忧愁和痛苦。他们向老师苏格拉底询问，快乐到底在哪里？

苏格拉底说："你们还是先帮我造一条船吧！"

年轻人暂时把寻找快乐的事儿放到一边，找来造船的工具，用了七七四十九天，锯倒了一棵又高又大的树；挖空树心，造成了一条独木船。独木船下水了，年轻人把老师请上船，一边合力荡桨，一边齐声唱起歌来。苏格拉底问："孩子们，你们快乐吗？"

年轻人齐声回答："快乐极了！"

苏格拉底道："快乐就是这样，它往往在你忙于做别的事情时突然来访。"

2.承认痛苦的存在

我们强调要追随自己的内心，选择快乐，但这并不代表痛苦不存在。因此，要拥有好情绪，我们就不能过于苛求生活。

人们产生烦恼，很多时候都是因为思考得太多，问问自己的内心，你便能找到答案。

出去走走，像阳光一样徜徉

现代社会中，人们的压力到底有多大？无形的压力主要源自三个方面：工作、经济和健康。每天面对这些烦琐的问题，人们难免会产生不良情绪。于是，越来越多的人渴望能自我减压和放松。而"回归自然""亲近自然"的魅力正在被这些混迹于钢筋混凝土之间的城市人发觉，他们逐渐投身到大自然的怀抱中，呼吸新鲜空气、寄情于山水之间，就连我们喜爱的演员张静初也是个有特殊的旅游情结的人。

演艺圈明星，由于平时工作繁忙、压力大，所以在闲暇之余十分需要自我放松、调整情绪。他们会依据个人爱好，选择各种不同的方式来给自己减压。作为普通人的我们，同样也可以选择旅行的方式来亲近自然，以此来宣泄我们的压力和不良情绪，一般来说，你可以选择的旅行方式有很多。

1.登山

登山的过程，是一个不断征服的过程，当我们跨过一个个山头，就会发现出现在自己面前的是另外一片风景，我们的眼界也逐渐开阔起来。同时，爬山还有另外一个好处，那就是锻炼身体。

因此，无论是周末还是闲暇时间，我们都可以约上几个朋友，去大山里走走，去感受另外一个远离尘嚣的世界。当然，我们一定注意安全，最好不要一人登山。

2.野营、露营

野营，顾名思义就是在野外露营、野炊，这是一种很好的锻炼生活技能的方法，并且，在相互合作的过程中，人与人之间的关系也会变得亲密起来。除此之外，还有另外一种活动——露营，这是一种休闲活动，通常露营者携带帐篷，离开城市在野外扎营，度过一个或者多个夜晚。露营通常和其他活动相联系，如徒步、钓鱼或者游泳等。

3.钓鱼

这个活动，我们并不陌生，钓鱼的主要工具有钓竿、鱼饵。

钓鱼的工具其实制作起来很简单，钓竿的材质可以是竹子，也可以是塑料，而鱼饵的种类也很多，可以是蚯蚓，也可以是米饭，甚至可以是苍蝇、蚊虫。现代有专门制作好的鱼饵出售。鱼饵可以直接挂在丝线上，但有个鱼钩会更好，对不同的鱼有特殊的专制鱼钩。另外准备一个漂更有帮助。在周围水面撒一些豆糠会引来更多的鱼。

4.徒步

徒步亦称作远足、行山或健行，它和通常意义上的散步不同，也不是体育活动中的竞走，而是指有目的地在城市的郊区行走，不需要登上山顶，但是登山和徒步密切相关，两种活动经常结合在一起。

我们要懂得适可而止，再忙，也要在这美好的时节享受自由的幸福。放下一切，不管国内国外，找个最喜欢的地方去旅行，没有计划，没有进度表，只有和阳光、绿意、湛蓝海水一样丰沛的时间。结伴，或就一个人，像阳光一样徜徉。

第8章
不用追求完美，下一次会更好

生活中，许多人对完美有一种近乎苛求的追逐，他们希望工作是完美的、感情是完美的、生活是完美的，但这个世界上哪有这么多完美的事情。如果一件事情没完成，那不必太执着，也许下一次会更好。

总是较真，痛苦的是自己

在生活中，我们经常会遇到一些喜欢钻牛角尖的人，俗语就是"喜欢抬杠"的人。在他们身上有一个特点，就是不论在什么场合，对什么人，都喜欢表现出与众不同，好像专门跟人作对似的，别人说东他偏说西，别人说南他偏说北，似乎他总是喜欢跟别人对着干。从外在表现看，这样的人喜欢跟别人较真，其实，我们都忽视了，他们较真的对象是他们自己。

有朋友坦言："我觉得自己的心理似乎有一些问题，对于别人说的一些问题，我总是喜欢抬杠，其实我心里也知道应该是这样的，但就是不由自主地想要反驳，甚至在这样的心理下做出一些愚蠢的行为，到最后，我自己都觉得可笑。我就好像陷入一个沼泽地，越是较真，身子越是往下深陷，越是挣扎越是痛苦，我也不知道自己究竟是怎么了。"其实，这样的特点就是明显的爱钻牛角尖的人，他们总是想表现得与众不同，因此屡屡与自己较真，但最终痛苦的也是他自己。

尽管这些喜欢钻牛角尖的人都比较聪明，反应也比较快，而且还掌握了一定的知识，否则他不能那么及时地反驳别人，一下子也说不出那么多的事例来。但这样的人并没有多少高深的学问，他所掌握的一些东西都是为了满足自己的一种特殊心理需求。不管别人说什么、做什么，他都会找出一些事例来反驳，似乎，他不证明自己是对的就不会罢休，不把别人说得无话可说就觉得不舒服，不占上风就觉得不痛快，不把别人噎得上不来气就不高兴。

当然，不管是说话还是做事，他们都是典型的喜欢较真的人，其实他们自己也知道这样的习惯不好，常常会让自己成为大家讨厌的对象，但每到特殊情境的时候，他却总是身不由己。

老李是一个爱钻牛角尖的人，别人说东他偏要说西。例如，别人说抽烟喝酒多了不好，对身体有害，他就会说："某某某只喝酒不抽烟，只活了七十多；某某某只抽烟不喝酒，活了八十多；某某某又抽烟又喝酒，活了九十多，有的人还吃喝嫖赌样样通，结果活了一百多。"别人说做人要讲道德，要有良心，他就会反驳说："良心多少钱一斤？杀人放火有马骑，烧香磕头受人欺。"如果别人说谨慎做人、小心做事，他就会说："撑死胆大的，饿死胆小的，宁让撑死，也不能做个饿死鬼。"别人要说尊老爱幼，他就会说："那些丧尽天良的父母应该尊重吗？"不管别人说什么，他都会找出一些例子来反驳。别人明明说的是普通现象，他却会找出一些个别的事实来对付你；别人如果说已经成为事实的例子，他就会找出一些可能发生的事情对付你。

老李的钻牛角尖不仅仅表现在说话上，还表现在做事上。

最近，老李打算自己创业，他去银行取了家里的所有积蓄，打算南下贩货回家乡小镇上卖。临行之前，老朋友老张过来拜访，见到老朋友，老李饶有兴致地说了自己的计划，朋友老张有些担心地问："你就这样冒冒失失地去吗？我觉得你应该事先做好市场调查，看哪些货在老家比较受欢迎，然后再看南方那边的货是怎么批发的，以便能拿到最低的批发价格，这样才能确保万无一失。"老李的固执又上来了："谁说一定要这样做，兴许这次上天一定会让我赢呢？你就在家里等着我发财回来吧。"老李说走就走，也不顾家人朋友的阻拦，结果是可以想象的，他惨败而归。这次他意识到了自己爱钻牛角尖的脾气，但总是改不掉，自己就好像陷入一个泥沼中一样。

无论是说话还是做事，老李都是一股子牛脾气，喜欢钻牛角尖，别人说的话，他偏要反驳；别人的建议，他偏不听；别人说的措施，他偏偏不去做。虽然，在很多时候，他自己也清楚，什么样的才是正确的，但他就是不肯放下内心的较真劲儿，别人越是反对的事情，他越是要去干，直到失败了才知道回头。

在生活中，我们大多数人都会犯钻牛角尖的错误，当然，程度上还是会有差异的。当我们听到别人说什么或看到别人做什么的时候，为了表现自己，我们总是会违背内心的声音，去说一些反对别人的话、做一些反对别人的事情。难道这样我们心里就会得到满足吗？我们所面对的是别人不理解的眼光，以及自己内心的痛苦。因此，我们要放下内心的固执，学会听从内心的声音。

喜欢钻牛角尖的人是比较自我的，他们总是觉得自己的想法才是对的，而别人的想法却有那么一点点不完美。有时候，即便别人所说的方法是可行的，他也会从中挑出一些毛病。对此，在生活中，我们要学会听别人的意见，以虚心的态度接纳别人的意见，这样我们才不被自己内心的固执所累。

为失去太阳而哭泣，你会错过繁星

很多人不但觉得自己长得不够完美，也觉得自己的人生不够完美。其实，这种感受是完全正确的，因为这个世界上根本没有完美的人和事存在。当母亲怀胎十月辛苦地带你来到人世，你的眼睛也许有点儿小，你的嘴巴也许有点儿大，你的鼻梁还不高挺，你的皮肤也不够白皙……总而言之，随着年岁渐长，你原本感谢母亲的心渐渐减弱，反而挑出自己的无数毛病。人无完人，金无足赤，你又怎么可能要求自己美若天仙呢！至于人生，则受到更多方面的影响，更加难以如愿以偿。细心的人会发现，几乎每个人的人生都会有坎坷和挫折，也由此生出无数的不满意和缺憾。当我们因为人生的缺憾而焦虑不安时，我们一定会失去更多。正如一位名人所说的，如果你因为失去太阳而哭泣，你也会错过繁星。既然缺憾已然存在，且无法更改，那么我们唯一能做的就是尽力弥补缺憾，接受现实，选择更好的方式扬长避短，帮助自己赢得精彩的人生，而绝对不是怨声载道、怨天尤人。否则，你一定会有更大的后悔。

人生不可能完美，任何人的人生都不可能完美。要想追求完美，我们就要拥有博大宽容的胸怀。试想，如果一个人连自己都不能原谅，那么他又怎么可能容纳这个世界呢！拥有怎样的人生，从某种意义上说其实取决于我们的心态。当我们积极、乐观、开朗，我们就拥有美好的人生。当我们消极、悲观、失望，即使现状并不那么糟糕，我们也会因为心绪消沉而导致一切朝着事与愿违的方向发展。人生还需要坚持，唯有接受缺憾、包容缺憾，与缺憾和谐共生，我们才能更好地悦纳缺憾。

作为土耳其尽人皆知的大富豪，萨班哲的庄园遍布土耳其的每一个角落，还有他庞大的产业，也在土耳其随处可见。他的产业是以他名字的首字母"SA"为标志的，每一个土耳其公民都看到过这个字母，他们对于这个字母就像对阳光一样亲切熟悉。然而，就是这样一位富可敌国的大富豪，却有一个让人百思不得其解的癖好。他花费重金请来很多漫画家，并且将他们集中在一间很大的、安逸舒适的工作室里。而他交给这些漫画家的任务就是：给他画漫画，谁把他画得最丑，就奖励谁巨额奖金。为此，这些漫画家全都认真细致地观察他，并且极力放大他的缺点，争取把他画到最丑。有些漫画家还把他的小小缺点无限夸张，例如因为他面部的一个小黑痣，就把他的整个脑袋都画得黑黢黢的。每当经历紧张忙碌的工作，他最喜欢做的事情就是来到漫画家们工作的地方，满怀愉悦地欣赏自己的"画像"。和平日里已经把耳朵磨出老茧的赞美完全不同，这些画像让他感到耳目一新，也觉得非常新奇。原来，他除了成功的面貌之外，还有这么多的众生百态啊！

　　人们不理解，为什么萨班哲不通过照镜子的方式了解自己，而要自我作践，让漫画家把他画得那么丑陋不堪。其实，他并非大家所猜测的那样古怪，也并不是猎奇，更不是为了惩罚自己，而只是想要了解自己的千面。很多人都不知道，萨班哲尽管事业有成，但是他的儿女都是弱智，在智力发展上存在着难以逾越的障碍。作为一个大富豪，萨班哲却遭到命运如此残酷的折磨，可谓大不幸。虽然他在很多人眼里都是无所不能的成功人士，但是他在命运的捉弄面前却如此无力。因而，作为父亲的他只能坦然接受现实，勇敢地面对一双儿女。他给予他们无限的疼爱，就像所有父亲疼爱自己健康可爱的孩子一样。如果没有强大的内心，他不可能做到这一点。为此，他以漫画的方式让漫画家们展现他最不堪的一面，却在观赏的时候依然保持愉悦的心情。通过这种方法，他学会接受自己的面目，同时接受人生的缺憾。

　　萨班哲的办法很特别，先是用漫画的形式丑化自己，通过接受自己的相貌进而接受人生的缺憾。的确，不论是天生的长相还是充满波折的命运，一旦发生，都是无法改变的。要想弥补或者主宰命运，我们就只能尽量接纳现实，然后再寻求最好的方式创造美好的未来。

西方国家曾经有位哲人说，假如我们能够坦然接受那些事实，就能够节省焦虑的时间和精力，将其用于更加有意义的事情，努力创造美好的未来。的确，这位哲人说得很有道理，既然很多事情已然发生且无法改变，我们与其徒然悲伤，不如把有限的时间和精力用来做更有意义的事情。如此一来，我们就会由对事实的抵触转为对事实的接受和悦纳，从而更好地面对这一切，也积极地改变这一切。

在人生的漫长旅途上，没有人会一帆风顺，也没有人能够顺遂如意。我们唯有学会接受和适应现实，才能坦然地走过人生。很多情况下，人生的缺憾是无法弥补的，你越是与其对抗，就越是感到痛苦。只有坦然接受它们，从容面对它们，我们才能真正做到拥抱人生、享受人生。

明天还遥远，尽心做好当下的自己

古人曰："生于忧患，死于安乐。"这是试图告诉我们，只有忧愁患害才能使人警醒，安逸享乐则会使人萎靡死亡。可是，如果我们总是没完没了地考虑明天，内心时刻存在忧患意识，那么，我们如何活在当下呢？虽然，人们常说"防患于未然"，但是，如果一个人对未来过度地焦虑和担忧，时间久了，就会变成一种心理负担，整个人都被笼罩在消极情绪之下。这样一来，极有可能导致的结果是，以后的每一天我们都将生活在忧虑之中，阳光照射不进我们的生活。对未来生活的焦虑和恐惧，成为现代人普遍的一种心理，即使人们当下的生活过得很不错，他们也会不自主地担心未来的生活，总是没完没了地考虑明天会怎么样。因此，为了有效调整心态，不要总是没完没了地考虑明天，不妨尽心做好当下的自己吧！

面对一群研究生的拜访，心理学家从房间里拿出许多水杯摆在茶几上，有各种各样的杯子，不同的材料，有的是玻璃杯，有的是瓷杯，有的是塑料杯，有的是纸杯，学生们各自拿了一只杯子喝水。当学生们拿起杯子，心理学家开始说话了："大家有没有发现，你们挑的杯子都是比较好看、比较别致的，塑料杯和纸杯，就没有人拿走。其实，这就是人之常情，谁都希望手里拿着的是一只好看一点的杯子，但是，我们需要的是水，而不是水杯，所以说，杯子的好坏，并不影响水的质量。"接着，心理学家解释道："想一想，如果我们总是有意或无意地把选杯子的心思用在考虑明天的事情上，那么，我们的生活能够远离平静吗？"一位学生摇摇头："当然不，烦恼会接踵而至。"有时候，我们花上过多的时间来考虑明天会怎么样，担心明天会发生什么，结果，当下的今天我们却没能做好，反而置自己于忧虑之中。

对未来担忧太多，以至于怀疑自己生病了，结果，经过医生诊断，什么病都没有，有的只是心病。现代社会，人们越来越焦虑，在他们内心隐藏着一种未知的恐惧，担忧自己的生存状况，担忧明天。其实，他们大部分的焦虑是来自明天，而且，这样的人并不在少数。据一项社会调查显示，越是成功的人，对明天越是担忧。

有一位成功人士毫不忌讳自己的焦虑："现在我的公司刚刚上市，一切都在起步阶段，许多人恭贺我的成功，对此，我却感到忧心忡忡，未来的种种困难在某个阶段等着我。同时，每天外出应酬，常常喝酒，自己的身体每况愈下，对于明天，我真的十分焦虑，害怕它的到来，更害怕随着它而来的还有无限的挫折和挑战。"其实，即使再焦虑，我们也不能改变未知的明天，不妨调整好自己的情绪，以坦然的心境来面对今天，尽心尽力做好自己，不要去过多地考虑明天。

那么现在请你问一问自己下面这些问题，并写下答案。

（1）我是否想逃避现在的生活，宁愿为未来担忧，或者仅仅梦想所谓的"远处奇妙的玫瑰园"？

（2）我是否经常为过去而懊恼，让今天过得更加不愉快？

（3）我早上起来的时候，是否决定"珍惜今天"，将24小时发挥得淋漓尽致？

（4）"活在当下"是否有助于我今天生活得更快乐？

（5）我应该什么时候开始呢？下周，明天，抑或是今天？

许多人总是没完没了地考虑明天，自己找来了许多烦恼，这就是所谓的"烦恼不寻人，人自寻烦恼"。对于医生来说，在他们心中有一个秘密，那就是：大多数的疾病是可以不治而愈的。有的医生甚至断言："许多人之所以生病，完全是吃撑了没事做，自己无聊坐在那里胡思乱想，结果，多么美好的一个明天，硬是被他自己设想出许多灾难来。"

过分的苛刻，反而会有反作用

生活中，我们常常说，做人做事都要认真、努力，这会使得我们更加完美，不断进步。我们鼓励认真的态度，是为了让自己的人生变得幸福和充实，然而，生活中却有一些人，他们对自己太过苛刻，无论做什么事，他们都要求自己做到百分之百的完美，不允许犯一点小错，不允许生活有一点瑕疵，结果常常因为对自己太过苛求而搞得身心疲惫不堪。其实，有缺憾的人生才是真实的人生，我们固然要有追求完美的态度，但是如果过分追求完美，而又达不到完美，就必然会产生浮躁的情绪。过分追求完美不但得不偿失，反而会变得毫无完美可言。

另外，现实生活中，我们也会发现，那些高高在上、看似完美的人似乎没有什么朋友，人们也不愿意与之交往，就是因为他们用完美给自己树立了一个"巨大"的形象，反而让人们敬而远之。

然而，生活中就有这样一些人，他们做事谨小慎微，总是认为事情做得不到位。他们太过专注于小事从而导致忽视全局，这主要是因为他们性格上的原因，他们对自己要求得过于严格，同时又有些墨守成规。通常情况下，因为他们过于认真、拘谨，缺少灵活性，他们比其他人活得更累，更缺乏一种随遇而安的心态。

他们总有这种表现，他们对自己和他人都要求很严格，如果一件事情没有做到令自己满意的程度，那么必定是吃不好也睡不好，总觉得心里有个疙瘩，很不舒服。要知道，我们不会因为一个错误而成为不合格的人。生命是一场球赛，最好的球队也有丢分的记录，最差的球队也有辉煌的一刻。我们的目标是——尽可能让自己得到的多于失去的。

可以说，一个人对自己有高标准的要求是有益处的，它能使我们在正确的轨道上行走。然而，凡事都有度，过度就会适得其反。对自己要求太高，很容易让自己陷入极端状态，例如，当他犯了一点错误时，他便会悔恨不已，甚至会妄自菲薄，贬低自己；那些自控力太强的人时刻会警惕自己的行为是否得当，他们会比那些凡事淡定的人活得更累。

那么，如果你是一个苛求自己的人，该如何自我调整呢？

（1）不要苛求自己。你不要总是问自己，这样做到位吗？别人会怎么看呢？过分在乎别人的看法就是苛求自己，你会忽略自己的存在。

（2）要改变自己的观念。你需要明白一点，世界上没有完美的事，保持一颗平常心并知足常乐，才是完美的心境。换一种新的思路，即尝试不完美。

（3）要改变释放的方式。当你心情压抑时，你要选择正确的方式发泄，如唱歌、听音乐、运动等，并且，你要抱着一种享受的心情发泄，这样，你很快就会感受到快乐。

（4）让一切顺其自然。不要对生活有对抗心理，过于较真的人，他们会活得很累，因此在思考问题时要学会接纳控制不了的局面，接纳自己所的事，不要钻牛角尖。

（5）什么事情都有个度，追求完美超过这个度，心里就有可能系上解不开的疙瘩。我们常说的心理疾病，往往就是这样不知不觉出现的。

（6）失败的时候，请原谅自己。你会跟朋友说什么？想一想，如果你的好朋友经历了同样的挫折，你会怎样安慰他？你会说哪些鼓励的话？你会如何鼓励他继续追求自己的目标？这个视角会为你指明重归正途之路。

德国大文学家歌德曾说："谁若游戏人生，他就一事无成；谁不能主宰自己，永远是一个奴隶。"就一般人而言，对自己没有高标准的要求，缺乏自控能力，一般不容易实现自己既定的人生目标，难以获得家庭的幸福和事业的成功，其情绪容易受外来因素的干扰，使其行为与人生目标反向而行。

因此，我们每个人都要记住，再美的钻石也有瑕疵，再纯的黄金也有不足，世间的万物没有纯而又纯和完美无瑕的，人也不例外。我们每个人都不可能一尘不染，在道德上、在言行上都不可能没有一点错误和不当。人总是趋于完美而永远达不到完美。因此，我们每个人都不要对自己和别人有过高的不切实际的要求，我们都是凡人一个。

不管追求什么，请适可而止

在生活中，我们常常赞赏某人非常执着，从不放弃。殊不知，很多时候，过分追求对自己却是一种折磨。追求的目的是实现自己的目标，使自己获得满足感和成就感，然而，假如为了追求而追求，那么你就会发现追求非但无法给你带来快乐，反而会使你陷入痛苦之中，陷入进退两难的境地，甚至还会成为你生活的绊脚石。现代社会，很多人因为自己的追求而陷入痛苦之中无法自拔。针对这种现象，耶鲁大学的心理学教授高兰·沙哈博士如实评价："这是一种'流行病'，我们所处的社会对人们提出的要求就是：不断做出成绩。"正是在这种心理的驱使下，越来越多的人陷入追求的怪圈，就算事情最终获得成功，他们也很难得到快乐，因为他们开始考虑以后能否获得成功。1996年，纽约大学的心理学家乔丹·弗莱特和英国哥伦比亚大学的临床心理学教授保罗·海威特共同对103位抑郁症患者进行观察与研究，结果显示，这些抑郁症患者对自己的要求非常严格，最终导致越来越抑郁，患上抑郁症。

　　尽管有些执迷于追求的人最终获得了成功，然而，由于他们所获得的成就其实不是在最好的状态下出现的结果，因此可以推断，假如他们能够放开追求的执念，放松心态，也许能够获得更大的成功。在追求的过程中，他们过于追求完美，因而总是感到沮丧和失望，这样一来，就延迟并且降低了他们的行动能力，导致使他们错失良机。相比之下，一个心态健康的人反而能够持续保持稳定的状态，这样一来，更能够灵活理性地处理突发情况，客观地对待挫折和困难，激发出自己的最大潜力。

　　蓝秋是一个完美主义者，不管是在生活上还是在工作上，她事事都喜欢追求完美：生活安排得井井有条，从来没出过任何差错；工作得心应手，游刃有余；善于处理人际关系，与上下级友好相处；多年来，始终保持苗条的身材，体重上下浮动的幅度居然精确到1斤……

对于这样一个人，在别人眼中无疑是非常完美的，人们很难想象她有什么不如意。然而，蓝秋的幸福指数却很低，她总是觉得自己的生活一点儿也不成功，简直是一团糟糕。为此，蓝秋求助于心理医生。在和蓝秋的接触和交流中，心理医生发现蓝秋特别在乎别人的看法，内心深处非常渴望自己能够成为一个完美的人。有的时候，她明明已经做得很好，但是只要有人没有给予她好的评价，那么她马上就会感到局促不安；假如别人高度赞扬她，或者公司奖励她出色的工作表现，她又会自谦说是因为对手太弱了；更加糟糕的是，在巨大的心理压力下，她开始暴饮暴食，这可不是个好苗头！

蓝秋因为与老公感情不和在3年前离婚了，恢复单身生活之后，她也曾经想过再去寻找一个人生伴侣。然而，约会的问题却使她无比头疼。定下约会的时间之后，她会用整整几小时的时间试衣服，而又觉得哪一件都不适合自己；她还会用几小时的时间做头发、化妆，但最终却因为不满意而万分沮丧地取消约会。因此，她始终没有找到人生伴侣。针对蓝秋的这种情况，心理学家建议她素面朝天地穿着家居服外出购物。起初，蓝秋非常难受，总觉得别人在注意她，对着她指指点点。但是，她在商场里逛得起兴，自己都忘记了自己在素面朝天、不修边幅地逛街，这才发现原来根本没有人注意到她化没化妆、穿着什么衣服。

经过一段时间的治疗之后，蓝秋渐渐放松了自己的心灵。每天下班回家之后，她会如释重负地脱掉鞋子赤脚走在地板上，每到周末的时候她会整天地蓬头垢面，在家里尽情地放松自己，无拘无束。随着心理治疗的深入，蓝秋在工作上也发生了很大的变化。她不再认为自己无论如何都还要继续努力，而是开始尝试着给自己一些小奖励。每当完成一项工作的时候，她会给自己放个假，或者是给自己买一份巧克力冰激凌。如今，她已经不会再在约会前神经质地打扮自己，而是崇尚清水出芙蓉、天然去雕饰的美。她说，自己要找的是一个心灵的伴侣，而不是一个只会欣赏美貌的男人！

在这个事例中，蓝秋无疑是过于追求完美，以至于自己处处受累，无法放松。幸运的是，在心理医生的指导下，她采取了积极有效的手段，使自己回归到自然的生活状态。如今，生活节奏越来越快，生存压力越来越大，很多人都和蓝秋一样追求极致的完美，甚至有些严重的患者还会走上自杀的道路。

其实，在生活中，有很多事情值得我们去追求，诸如金钱、权力、美食等。不管是追求什么，都要适可而止，一旦过度，就会陷入病态之中，使自己的心灵深受折磨。

缺憾的人生才更真实

在生活中，几乎每个人的心中都隐藏着一个关于完美的梦。在这个梦里，每个少男都幻想着自己英俊潇洒、风流倜傥，每个少女都幻想着自己无比美丽、倾国倾城。然而，在现实情况中，有几个是英俊潇洒、倾国倾城的？大多数人都不完美，这是我们必须接受的事实。一个女人也许很漂亮，但是未必有足够的智慧；一个男人也许够潇洒，但是却有勇无谋；有的人也许才智超群，但是却貌不出众；有的人也许高风亮节，但是却语不惊人。总而言之，上帝是公平的，他在赐予你独特之处的同时，也会使你有所欠缺。尽管有很多人无法接受这种不完美，但是，这种不完美也许恰恰就是真实的完美。所以，不管是谁，都应该坦然面对自己或者别人的不完美，敞开胸怀接纳这种不完美，这样才能更加真实地存在、更加坦然地生活。

世界上真的有完美的存在吗？答案是否定的。所有的完美都是相对的，正如因为有了黑，所以才有了白；正是因为有了美，所以才有了丑。正是因为有那些不完美，所以才有人们对于完美不懈的追求，就像一个永远无法企及的梦。既然无法改变，我们就应该坦然接受。只有学会接受不完美，我们的生活才能更加真实、更加坦然、更加淡定。

有个叫伊凡的青年，非常用心地读了契诃夫"要是已经活过来的那段人生仅仅是个草稿，有一次誊写的机会，该有多好"这段话，心领神会，因此，他打了份报告递给上帝，请求在他的身上进行一项试验，允许他誊写一次人生。上帝沉默良久，看在伊凡的执着和契诃夫的名望的分儿上，决定让伊凡在寻找伴侣的事情上有改正的机会。到了适婚年龄的时候，伊凡遇到了一位非常漂亮的姑娘，最让人高兴的是，这位姑娘也特别倾心于他。伊凡觉得这位姑娘就是他理想中的伴侣，因此不久就与之结婚了。很快，伊凡就发现姑娘的一个缺点，即她尽管很漂亮，但是却不怎么会说话，而且办起事来也笨手笨脚，两人根本无法进行心灵的沟通。因此，他把这段婚姻作为草稿从人生中抹掉了。

伊凡第二次的婚姻对象不仅绝顶漂亮，而且绝顶聪明和绝顶能干。但是，共同生活了没多长时间，伊凡就发现这个女人有一个致命的缺点，即个性极强，脾气很坏。因此，能干成了她捉弄伊凡的手段，聪明成了她讽刺伊凡的本钱。在一起生活期间，他不是她的丈夫，更像是她的牛马、她的器具。伊凡再也无法忍受这种非人的折磨，因此，他祈求上帝，既然人生允许有草稿，那么请准三稿。上帝笑了，允了伊凡。

伊凡第三次成婚的时候，他的妻子不仅具备上述的所有优点，而且脾气特别好。婚后，两人甜甜蜜蜜，恩爱有加。然而，在短短的几个月时间之后，娇妻就因为身患重病失去了如花的美貌，整日躺在床上，智慧也无处施展，只剩下唯唯诺诺的好脾气。

　　尽管这个故事是虚构的，但是却有很深刻的现实意义。在生活中，很多人就像伊凡，对自己所拥有的总是感到无法满足，总想得到一次修改和誊写的机会。可以修改的人，纷纷尝试着去修改，但是最终还是免不掉次次都遗憾；没有能力或没办法修改的人，则整天闷闷不乐、垂头丧气，似乎人生失去了意义。

　　在生活中，每个人都应该使自己拥有如此的心胸和气度，这样才能坦然地面对生活，接受人生的不完美！

第 9 章
不被心锁束缚，才能拥有真正的海阔天空

人有七情六欲，但人们却不会经常感到快乐与幸福，只是感到焦虑与痛苦。这一切并不在于生活发生了什么，而在于你的心已经被束缚，无法放松的内心，所以感到焦虑。把心静下来，你才会拥有真正的海阔天空。

勇敢面对，迎接命运的挑战

每个人的人生都会遭受苦难，唯一不同的在于，有些人被苦难打倒，成为人生的输家；有的人战胜了苦难，成为人生的赢家。其实，我们完全没有必要抗拒和排斥困难，正如一颗话梅糖既有酸涩也有甜蜜的味道一样，人生也是如此。没有谁的人生会一帆风顺，只有幸福甜蜜。大多数人的人生，都是苦乐掺半，甚至有人的人生更多的是痛苦。难道这样就要彻底放弃人生了吗？当然不是。命运越是与我们开那些残酷的玩笑，我们就越是要坚强勇敢地面对命运，迎接命运的挑战。

也许有些朋友很羡慕那些成功的人生，而对自己的生活百般不满意，其实不然，命运并非一成不变。很多时候，即便置身于相同的环境之中，我们也未必会拥有同样的人生，因为我们的心态不同。

在美国，有一对孪生兄弟因为一时冲动，犯下大罪，导致被处以3年有期徒刑。看着两个儿子居然要同时坐牢，母亲伤心欲绝，但是又因为孩子的确犯了罪，她根本无力回天。经过一番慎重的思考，母亲决定分别赠送给两个儿子36块积木。这是一份特殊的礼物，因为这对兄弟服刑的时间恰恰是36个月。母亲语重心长地对儿子们说："妈妈知道，你们都是好孩子，只是因为一时糊涂，才会触犯法律。妈妈也知道，对于你们而言，这3年的刑期必然非常漫长。为了帮助你们度过这段漫长难熬的时光，我把这两份相同的礼物送给你们，希望你们在服刑期间认真反思自己，戒骄戒躁。每当结束一个月的时候，你们就可以拿出一块积木搭建房子，这样，等到房子搭建好了，你们也就可以重新开始自己的人生。"

接过母亲的礼物，这对兄弟泪如雨下。他们看着手中捧着的36块积木，似乎看到了自己未来3年的人生之路。就这样，他们带着母亲赠送的积木开始服刑。哥哥是个急脾气，一进监狱就用所有积木搭建好房子，然后每过一个月，他就拆掉一块积木。弟弟呢，则牢记母亲的教诲，每个月结束时都拿出一块积木搭建房子。转眼之间，3年的刑期结束了，这对兄弟在监狱的大门外与母亲重逢。让母亲万分惊讶的是，哥哥在3年的时间里似乎衰老了10岁，但是弟弟看起来却显得精神抖擞。了解原因之后，母亲感慨地说："哥哥在绝望中度过3年，弟弟却在希望中度过3年。"

对于这对孪生兄弟而言，既然大错已经铸成，后悔显然是于事无补的。他们只能接受法律的制裁，在法律的安排下服刑，从而赎罪。遗憾的是，哥哥没有了解母亲的用意，导致自己的3年服刑生涯始终充满绝望。相反，弟弟却很明智，他每个月都带着希望生活，减轻自己心灵的负重。正因为如此，哥哥弟弟之间的差距才会如此之大，可想而知，弟弟也必然更容易适应监狱外的生活，尽快开始自己崭新的人生。

人生不能负重前行，不管我们有什么遗憾，也不管我们做错了什么，我们唯一能做的就是减轻自己心灵的重负，从而让自己的人生展翅翱翔。当然，人生艰难，一味地坚持也并不现实。当感到累了、倦了的时候，我们完全可以放松下来，让自己变得更加轻松愉悦。就像一首旋律会有高潮和舒缓一样，我们的人生也同样应该保持最适宜的节奏。

摆脱焦虑的束缚，自由喘息

焦虑的人生，注定是不安且动荡的人生。焦虑的人生，不但与幸福、快乐绝缘，而且会与绝望、噩运相伴。焦虑是人生的毒药，它深入人生之中，搅毁人生的一切。当原本应该坦然从人的人生变得焦虑，就会成为滋生不行的根源。很多时候，我们被焦虑束缚着，无法自由地喘息，也无法找到属于我们的希望和光明。既然如此，我们为何不马上摆脱焦虑，迎来更加顺遂如意的人生呢？

遗憾的是，随着社会的发展，尽管人们的生活水平大幅提高，生存质量也得到有效改善，但是焦虑却分毫没有减少。和几十年前我们的父辈吃大锅饭相比，那时虽然他们没有钱，但是大家都一样，所以他们过着清贫的生活，却很少焦虑。现代社会，尽管人们口袋里的钱越来越多，每个月领取的工资也越来越多，但是人们根本无法摆脱焦虑，因为与此同时生存的压力越来越大，就业的竞争越来越激烈。哪怕只是原本非常简单的私人事情，诸如住什么样的房子、买什么样的车子、孩子是否有出息，如今也都成为人们相互攀比的内容。在这个日益复杂的社会，人们怎么能不焦虑呢？

面对焦虑，很多朋友采取对抗的方式与其抗衡。其实，焦虑不再是一种罕见的现象，而是成为现代人的通病，既然如此，我们就不应该为了焦虑而焦虑，而是要放宽心胸，把焦虑视同寻常百姓家的产物，坦然面对。此外，还有些朋友的焦虑完全是杞人忧天，在这种情况下，不如学会区分哪些焦虑是不可避免的，哪些焦虑是杞人忧天，从而彻底不再为无所谓的事情焦虑，也还给自己更多的淡定和从容。当然，还有的焦虑是因为心理疾病导致的，在这种情况下就不能讳疾忌医，而要采取积极的态度求助于医生，从而及早控制焦虑，也帮助自己恢复心理健康。总而言之，现代社会到处充满形形色色的焦虑，我们只有端正心态，调节好自己的情绪，才能拥有一颗不焦虑的心。

很久以前，有位阿姨患了焦虑症，她几乎每天都生活在焦虑中，导致患上了严重的胃溃疡，不出几个月，整个人就变得骨瘦如柴。阿姨的焦虑症到底源自哪里呢？起初，家人从很多方面都进行思考，却找不到问题的答案。直到有一天，女儿特意以朋友身份请到家里的心理医生，找到了问题的症结所在。

原来，阿姨小时候是孤儿，几个月大时就被亲生父母遗弃。如今，随着年岁渐渐增长，她最小的女儿也已经出嫁，和她分开生活，导致守寡独居的阿姨再次产生被遗弃的感觉。然而，阿姨不愿意和任何一个子女居住，她担心自己会影响子女的生活，所以始终默默忍受着孤独的啃噬，内心深处一天比一天焦虑。这一点，心理医生是与阿姨聊天时，听到阿姨以恐惧的语气说起某个独居老人去世很久都没有人知道时，捕捉到的。知道了阿姨心病的症结所在，解决起来自然可以有的放矢。

很快，几个孩子借口照顾妈妈，安排好时间，轮流回家跟着妈妈一起生活。阿姨的大孙子已经20岁了，还主动提出以后要和奶奶一起住，为奶奶养老送终。看到孩子们这么孝顺，阿姨不由得很高兴。就这样，在子女的陪伴下，她吃饭的胃口越来越好，困扰她很久的胃溃疡居然不治而愈，她的焦虑症也得到了有效缓解。

在我们小的时候，是爸爸妈妈为我们撑起一片天空，等到我们长大了，爸爸妈妈渐渐老去，又轮到我们为爸爸妈妈撑起一片天空。作为子女，一定要多多关心父母，父母不知不觉间就老了，要有意识地陪伴在脆弱的父母身边，缓解他们的空巢焦虑。

焦虑并非我们想象中那么可怕，就像癌症一样，只要好的细

没过多久，在那条邮差已经来回走20年的荒凉道路上，竟然开出了无数的花朵，有红色的，有黄色的，四季盛开，永不停歇。花香对于村庄的人们来说，比邮差送达的任何一封邮件都开心。那条道路不再充满灰尘，而是充满了花香，中年邮差骑着脚踏车，吹着口哨，他不再是孤独的邮差，也不再是愁眉苦脸的邮差，而是满脸洋溢着幸福与快乐的邮差。

一位年轻的老师被派遣到山区的小学为学生们带一个星期的课，刚开始，年轻老师满怀热情，希望可以与学生们度过一周愉快的时光。然而，很快他就感到孤独与失望，这一个星期真是糟糕透了，孩子们既粗野又不爱完成作业，老师感觉到自己很孤单，在最后一节课上，年轻老师对学生们说："现在我知道了，我不能和孩子们在一起，我不适合这个工作。"这时，一名学生告诉老师："我想为这一个星期感谢您，感谢您交给我们许多知识，您知道吗，以前我从来没有听到过树林中的风声，它是那么可爱，我永远也不会忘掉它。这是我为您写的一首诗，我差点没有勇气把它给您。"说完，孩子从口袋里掏出一张纸递给老师，然后就跑走了。那一瞬间，年轻老师感到自己心里洋溢着满满的阳光，自己再也不孤单了。

心灵是一座宝库，在这里只应留有美好与智慧，而不是收藏垃圾或浸满孤独。哲人说："要想除掉旷野里的杂草，方法只有一种，那就是在上面种满庄稼。"那么，如果想要摆脱内心孤独的束缚，我们应该敞开心扉，让和煦的阳光照射进来，这样，孤独才会无处遁形。

冷静下来，克制内心冲动的情绪

著名作家大仲马说："你要控制你的情绪，否则你的情绪便会控制你。"对此，耶鲁大学组织行为教授巴萨德说："有四分之一的上班族会经常生气。"如此看来，人们经常受到不良情绪的干扰，而且，稍有不慎，情绪就会成为我们的主人。有人这样形象比喻："经常性的生气就好像不断地感冒一样。"在日常生活中，如果我们想要避免感冒的侵袭，通常的做法是保护自己的身体，这样，感冒的病毒就不会传染到自己的身上。负面情绪像感冒一样，如果我们没能做好预防工作，无可避免地，便会常常生气。因此，为了不让坏情绪的毒传染到自己，我们应该做好一级防护。

1.学会冷静思考

阻止不良情绪的蔓延，就如同抵制感冒的侵袭，我们应该增强自身抵抗的能力，善于思考，努力使自己变得平和。这样，即使情绪怒气冲冲而来，我们也能将它阻拦在外，冷静处理事情。当然，为了避免怒气的蔓延，我们所需要做的防护工作主要在于学会思考、冷静，使自己在怒气来临时变得平和，这样，我们才能有效地避免盲目冲动。

2.不断地设想这件事的好处

如何才能做到冷静思考呢？对此，爱德华·贝德福这样说道："每当我克制不住自己冲动的情绪，想要对某人发火的时候，就强迫自己坐下来，拿出纸和笔，写出某人的好处。每当我完成这个清单时，内心冲动的情绪也就消失了，我能够正确看待这些问题了。这样的做法成为我工作的习惯，很多次，它都有效地制止了心中的怒火，逐渐，我意识到，如果当初我不顾后果地去发火，那会使我付出惨重的代价。"贝德福有这样的习惯，其实是得益于自己早年所经历的一个事故。

生气，是一个人由于自己的尊严或利益受到伤害而产生冲动的情绪，并且这样的状态很难一下子就冷静下来。对此，心理学家认为，生气是人的弱点，所谓的大胆和勇敢，并不是动辄生气，而是学会思考，学会克制自己内心的冲动情绪。

为"忧虑"按下暂停键

如果一件事令你忧虑，你会忧虑多久呢？一个星期吗？一个月吗？一年吗？很多人容易纠结在一件事情上，一旦开始忧虑，就没有暂停的键，他会无休无止地陷入忧虑的泥潭中。如果没有人对他说："到此为止吧，别再忧虑了。"他会一直忧虑下去，一直到死亡的那天。当我们在忧虑的时候，为什么从来不考虑为忧虑这件事设定一个时间呢？当我们吃饭时，都有大概的时间范围，10分钟或15分钟，甚至有的人会在短短5分钟内解决早餐。

所以，当忧虑侵扰自己内心平静的时候，先改掉忧虑的习惯吧。在这里我们需要坚持：不管在什么时候，假如我们以生命为代价而换取一些不值得的东西，那不如停下来，问一下自己这三个问题：第一，我正在忧虑的问题，对我而言到底有多么重要？第二，既然这件事情令我如此担心，那我应该怎样为其设置"到此为止"的最低限度，然后完全忘记这件事？第三，我究竟应该为这件事付出多少？我所支付的是否已经超过它本身的价值？

好吧，就到此为止吧！这确实是一个人获得内心平静的秘诀之一。在生活中，我们都要有正确的价值观念，相信只要先定下一个适合自己的个人标准，就可以消除一半的忧虑。而我们所设定的标准，就是每件事值得付出多少以生命为代价的标准。

只有遗忘，才能让你获得解脱

人生在世，必然要经历很多事情，这些事情使我们或喜或悲，沉浸在情绪的河流之中。你是随波逐流呢，还是把握自己？假如你随波逐流，那么你的人生必然会随着命运的安排跌宕起伏，而你也只能被动地感受人生。与此相反，假如你能够把握自己，把握自己的心灵，那么你就能够把握命运，彻底地解脱自己。古人云，不以物喜，不以己悲。然而，很多人恰巧与此相反，总是一会儿哭一会儿笑，甚至自己也不知道是该哭还是该笑。虽然人有七情六欲是正常的，但是，假如过于放纵自己的感情，就会使自己被情绪所控制和影响，失去自我。

当然，这也并不意味着人生应该是平淡如水的。不过，凡事都应该有度，过犹不及。在生活中，最难放下的是仇恨。很多人在提起自己的仇人时咬牙切齿，殊不知，在憎恨别人的过程中，受到伤害的还有自己。所以，人们才会说，爱的反面不是恨，因为恨也是一种爱，而是遗忘。对于曾经的爱人而言，假如你还恨着它，那么就说明你还没有忘记他，更没有释怀，而是以恨的方式在爱着他。假如你真的不爱了，那么你就不会恨他，而是遗忘，真正地遗忘。只有遗忘，你自己才能够获得解脱，才不会用别人曾经的错误长久地惩罚自己。

很多时候，执着这件事情非常微妙，有时候不由自主，有时候则是故意的。打个比方而言，有的人，尽管你与他只有一面之缘，但是却印象深刻，无论如何都忘不了他；而有的人，即使你天天见，但是却对他视若无睹。这就是执着的作用！因为每个人的心里都有自己的爱和欲，因此，即使是对同样的东西，每个人也会产生截然不同的想法。要想控制自己，就要抛开所有的世俗杂念，这样一来，你就会发现你可以挣脱执着的束缚。

面对仇恨，面对虚荣，面对炫耀，面对人性的很多劣根，要想战胜它们，我们就要学会控制自己的各种贪欲，放下很多华而不实的东西，牢牢地把握人生！

第10章
放下昨日的束缚，才有今日的自在

过去，对于很多人来说是一个梦魇。对他们来说，过去发生了太多的故事，或悲伤，或遗憾，或幸福，但那最终沉寂在昨日。所以，哪怕活在当下的他们依然在回首昨天，想着曾经，沉浸在对过去的怀念里无法自拔。

遗忘曾经的苦难，轻松再出发

在人类历史上，我们需要铭记很多东西，诸如中华民族曾经遭遇的创伤、屈辱和苦难。人也是如此，在不断成长和遭受磨难的过程中，总要记住很多东西，这样才能更好地总结过去，面对未来。然而，凡事皆有度，如果一味地记住，也是不行的。归根结底，我们还要学会忘却。这就像是爬山，如果你总是不停地捡起那些嶙峋怪石背在身上，那么不管你多么有力量，也终会气喘吁吁。人生恰如登顶，真正聪明的人不会背上所有的石头前行，而是会适当地舍弃。归根结底，人的欲望是无限的，人的力量是有限的，只有我们学会取舍，才能用有限的力量做最大的努力。因而，智者总会遗忘那些曾经的苦难。唯有如此，他们才能不被悲伤压垮，才能义无反顾地继续前行。

很多人的心里都藏着深深的恐惧，或者是对过去悲惨经历的难以忘却，或者是对未知的害怕……不管何种原因，这些恐惧都会成为人生的负累，导致人生无法轻装上阵。实际上，事情一旦发生就无法更改，我们唯一能做的就是尽力弥补，或者鼓起勇气从头再来。在强者的人生字典里，这些坎坷和挫折就像是加油站，帮助他们总结经验和教训，从此以后更加明智。对于弱者而言，这些苦难则像是无法逾越的障碍，永远横亘在他们的心里。殊不知，当你一味地沉浸在悲伤的气氛中不知如何自拔，你只会错失更多的机会和机遇。也因为人生负重前行，导致未来更加坎坷和挫折。既然如此，为何不让自己轻松一些呢！只需要适当地忘却，你就可以做到轻松前行。

自从经历了在唐山大地震中失去亲人也险些失去生命的痛苦，艾琳就一直生活在极度的恐惧中。虽然政府给她找了一个很好的家庭，养父母也都非常疼爱她，但是她却始终心有余悸，经常半夜从睡梦中哭着醒来。为了帮助艾琳走出地震的阴影，养父母想了很多办法，都没有什么效果。就这样，艾琳战战兢兢地读完大学，开始工作。她总是愁眉苦脸，眼睛里藏着无限的心事。

毕业几年之后，艾琳恋爱了。她的男友是一个非常阳光的大男孩，每当看到艾琳愁眉不展、满腹忧愁的样子，他总是很心疼。和养父母一样，男友也想帮助艾琳走出地震的阴影。毕竟，地震已经过去十几年，也该淡忘了。有一个周末，男友带着艾琳去爬山。这是一座非常陡峭的山峰，很多时候都要手脚并用。艾琳爬到半山腰抬头看向山顶，不由得瑟瑟发抖，说："我可不想九死一生的这条命，今天丢在这里啊！"男友鼓励艾琳："这座山看起来陡峭，实际上爬起来并没有那么陡。你只要眼睛盯着脚下，一鼓作气地往上爬，很快就会到达山顶。"艾琳依然很犹豫，男友继续鼓励她："放心吧，你在前面，我在后面，我就是你的垫脚石。"看到男友坚定不移的眼神，艾琳只好硬着头皮继续往上爬。一个多小时后，艾琳果然气喘吁吁地爬到了山顶。看着她如释重负地微笑，男友趁机说道："亲爱的，我觉得有些事情你该学会遗忘。就像爬山，如果你背着沉重的负担，就很难顺利登顶。而遗忘，则让你在人生的道路上更加轻松。遗忘，不是背叛，而是为了亲人更好地活着，我想这也是他们的愿望，你说呢？"艾琳迎着山风站立，任由风吹乱她的头发，仍然自顾自地陷入沉思之中：是啊，逝者已矣，生者如斯。如果爸妈还在，一定不愿意看到历经辛苦才长大的她这么不快乐！从此，艾琳就像是变了一个人，她再也不是那个唐山大地震的幸存者，而是一个努力想为自己、为爸爸妈妈、为养父养母活出精彩的幸福女孩！

在这个事例中，艾琳因为在地震中失去亲生父母，而后又被养父母收养，因此身体和心理遭受双重创伤，始终沉浸在悲痛之中难以自拔。幸好，她遇到了积极乐观的男友，意识到一切事情终将过去，自己也应该为了所有的亲人更加努力地活好。所以，艾琳变得积极乐观，不再郁郁寡欢。想必在未来的人生之路上，她也能够轻装上阵，勇往直前。

如果人们不学会忘却，最终就会被沉甸甸的记忆压得喘不过气来。虽然历史是不能忘记的，但是忘却是必须的。人生恰如一场旅行，如果背负着过多的行囊，必然影响行进的速度。只有轻装上阵，才能提高效率，步履轻盈。

没有谁不曾遭遇过苦难，只不过每个人的苦难各不相同而已。从某种意义上说，苦难是我们人生的必修课，只有从苦难中积累经验、提升自己，才能让我们未来的人生之路更加顺遂。需要注意的是，苦难应该成为人生的养分，而不是人生的累赘。很多情况下，只要我们调整好情绪，积极乐观地面对苦难，就能化悲痛为力量，让生命汲取苦难的营养开出绚烂之花。

不怕陌生，重新开始新旅程

一个人总是要看陌生的风景，结识陌生的人，甚至跟陌生人共同生活。许多经历过一次爱情的人时常会感叹："我害怕接触陌生的男人，恐惧去熟悉一个陌生人。"他们大多是在感情中受过伤的，即便没有受伤，三五年的感情经历也已经让他们疲惫。在爱情的路途之中，他们发现，自己总是会认识陌生人、熟悉、在一起，最后分手，两人又变得陌生。而更多的人则是抱着这样的心态：我已经习惯之前的男（女）朋友，连我最邋遢的样子，他（她）都看过，那是一种怎么样的过程。但现在若是需要我重新结识一个陌生的男人（女人），我突然之间觉得害怕，有一种重新进入冰窖的感觉。这就是人常有的心态，也是他们苦苦追寻多年依然无法找到另一半的重要原因，他们的心境一直沉浸在过去的痛苦之中，不愿意尝试新的感情，害怕接触陌生的男人（女人）。对此，告诫那些人，需要有意识地培养自己开朗的心境，结识陌生人，展开自己的另一段新感情，因为如果你总是在怀念过去，其实也是一种心理病。

肖璐有一段长达3年的感情，那是她的初恋，刻苦铭心的初恋。谁都能想象初恋时的疯狂与幸福，肖璐在最美的年纪遇到了那个男人。初涉爱河的时候，她就好像是到了另外一个世界。那时候，肖璐每天总是笑盈盈的，心里比吃了蜜还甜，虽然，那个男人的年纪比自己偏大，但她不顾大街上人们诧异的目光，硬是紧紧地扣住他的手。就这样，两人幸福地走在大街上。

当然，恋爱美好的一阵过去之后，两人开始真正互相理解。这个过程是异常艰难的，争吵、分手、和好、吵架、分手，不断重复，不断上演。两人拉锯式地持续了3年，最终还是分道扬镳。但在肖璐的心里，却再也住不进其他的男人，即便自己的爱情早已经成为过去，从此性格开朗的肖璐却变得抑郁起来。

她说："我不再相信爱情，这段感情让我身心疲惫，我累了。我终究明白了，即便两个人的感情多么美好，但经过时间的流逝，没有什么东西是一成不变的，到最后，当初最美的爱情竟然变得支离破碎，这样的结果是我不能接受的。我害怕接触陌生男人，我只要一接触他们，就能想象我们未来吵架、分手的情景，真的太累了，我不想过这样的生活。"

肖璐是典型的沉浸在过去痛苦中的人，当她在爱情中受伤以后，她的心境就有了很大的变化。她在尚未接触爱情的时候，总是幻想着爱情的美好与浪漫，一旦在爱情中受过伤，就会不再相信爱情，也不再愿意开始新的恋情。对于陌生的男人、新的一段感情，她都会心生恐惧，害怕自己重蹈覆辙。其实，这样的一些心理是可以理解的，但作为内向者，更需要打开自己的心结，努力让自己变得开朗起来，不害怕陌生，重新开始自己新的幸福旅程。

1.不要惧怕陌生

"陌生"这个词常常会唤起人们内心的胆怯，他们害怕去接触，更害怕自己从一个熟悉的环境到一个全新的环境。其实，这样的心理是可以理解的，从陌生到熟悉，需要一个漫长的适应过程。但是，如果换一个角度，你会发现，所谓的"陌生"其实就相当于一个新奇的探索之旅。

2.该来的总是要来

一个人身边的位置是有限的，一些人离开了，一些人就会到来，这是我们应该接受的。如果你总是固执地保持僵硬的姿态，不接受身边新来的陌生人，那你身边的位置注定要空很久。对此，我们应该明白，有时候陌生即意味着幸福，所以，不要害怕，不要恐惧，大胆迎接属于自己的幸福。

当一段感情结束的时候，我们就应该收拾好身心，迎接下一段感情的来临，如果你总是拒绝新恋情的开始，那你最终只能被剩下。所以，我们需要走出过去的阴影，不惧陌生，大胆开始自己新的一段感情，面对新生活。

选择成全别人，其实是解脱了自己

小时候，父母总是因为担心我们长蛀牙而控制我们吃糖，原本以为长大以后就可以随心所欲地吃糖，自由自在、无拘无束地生活，却发现自己依然受到很多条条框框的限制。和小时候一样，虽然离开了父母的怀抱，但是我们依然无法想要什么就得到什么，有的时候，那些美好的东西就在眼前，近得触手可及，但是我们却无法得到。在这种情况下，你会怎么做？眼睁睁看着、眼馋着、死死地盯着，还是自己得不到也不让别人得到？不管是哪种方式，都是一种牵挂，都会使自己的心灵被禁锢，最正确的做法是放手，只有这样，你才能彻底地解脱，开始自己新的生活。

在这个世界上，美好的东西有很多，然而，没有人能够全部拥有。在人的一生之中，总是在不停地面临着取舍，是要吃糖还是要健康的牙齿，是要学历还是要经验，是要高工资还是要更好的发展前景，是要爱情还是要婚姻，是要浪漫还是要踏实。在人生的每一个阶段，我们都在进行艰难的抉择，因为人生是没有十全十美的，必须有舍有得，必须做出选择。然而，有些东西是看我们要还是不要，而有些东西则是我们求之而不得的。例如，爱情。我们经常听说某人因为女友提出分手的要求就把对方毁容了，或者是残忍地杀害了，其实，这不是真爱，真爱不是自私，而是成全。假如真的爱一个人，你就不会非要占有她，而是希望看着她得到自己想要的幸福生活。这个时候，你最应该做的就是放手，放手就是一种成全。再如，在职场上，很多时候，千载难逢的好机会只有一个，也许大家都想得到，那么，得不到的人如果能够选择放手，选择成全别人，其实也是解脱了自己。

尔康从大学时代就喜欢林倩。不过，他从来没有表白过。尔康是农村孩子，在这个熙熙攘攘的大都市中，他总是觉得自己无比渺小、无比卑微。他总是远远地看着林倩，直到有一天，林倩主动邀请尔康一起去阅览室，尔康才知道林倩对自己也是有好感的。他们的感情进展很顺利，大四的时候就已经正式确定了恋爱关系。

然而，随着步入社会，他们原本顺利的恋爱也出现了一些波折。在父母的帮助下，林倩留校担任辅导员的工作。尔康因为没有任何关系可托，又不愿意回到家乡，便在一家民营企业做销售工作。转眼之间，他们的人生轨道完全不同了，等待林倩的是被保送读研，只要愿意，一辈子都可以留在象牙塔之中。尔康却不得不面对残酷的现实社会，为了温饱而辛苦地奔波。大学毕业一年之后，林倩的父母知道了林倩和尔康的事情，坚决表示反对。他们希望女儿能够在大学校园里找到一个志同道合的人生伴侣，安稳地度过一生。为此，林倩的父母偷偷地找到尔康，苦口婆心地劝尔康放弃这段感情。此时，林倩也有些犹豫，毕竟，谈到婚姻的时候，需要面对的问题很多，尔康除了承诺之外一无所有。经过再三考虑，尔康选择了放手。他希望林倩幸福！

大学毕业10年聚会的时候，林倩已经随老公去了美国深造。听到这个消息的时候，尔康无比欣慰。他也有了自己的家庭，有了一个愿意与自己同甘共苦的妻子。回想起来，尔康不禁感慨，放手，在成全别人的同时，也是成全自己！

婚姻并非是两个人相爱那么简单的事情，往往受到很多因素的制约。也许有人会指责尔康不够坚持，没有争取，然而，结局却是皆大欢喜。尔康找到了愿意与他一起奋斗的人生伴侣，林倩也找到了自己爱情的归宿。很多事情，我们所预见到的未必就是最好的结局，事情也不一定会朝着我们预想的方向发展，与其这样，在一方有所动摇的时候，不如果断地选择放手，这样还可能会有更好的结果。

其实，不仅仅爱情如此，生活和工作中的很多事情都是如此。放手，在给别人机会的同时，我们也为自己争取了更多的机会和可能！

珍惜现在，便会拥有整个世界

　　生活中，我们不要再为自己曾经失去而看不开，学会放手，说不定你能获得整个世界。既然我们降生在这个世界，又何必计较命运的不公、生活的失落呢？为什么要因为秋天的零落，而怨恨四季的美丽呢？君不见大地雪封冻结的冬天，那大树上正挂着青色的绿芽吗？有时候，生活就像是一杯蔚蓝色的酒，酒杯里盛满的就是人生的酸甜苦辣，我们不应该沉醉自己，而是努力将自己的人生变得洒脱而充实。现实生活中，我们需要正确看待得失，我们应该相信，现在我们所拥有的，不管是顺境、逆境，都是对我们最好的安排。只有这样，我们才能在顺境中感恩，在逆境中依旧心存快乐。对于那些失去的东西，不要为此郁郁寡欢，人生总会失去什么，也会得到什么，得失是一种规律，别为失去而悲伤，别看不开，放得下，我们才会有所获得。

　　人们总是习惯于得到而害怕失去，虽然有得必有失的道理是人人皆知的，但人们却对失去可惜可叹，每当自己失去了某些东西，总要难受一阵子，甚至是痛苦。月亮也会有圆缺，但依然皎洁；人生即使有缺憾，也依然很美丽。曾国藩说："道微俗薄，举世方尚中庸之说。闻激烈之行，则訾其过中，或以岡济尼之，其果不济，则大快奸者之口。夫忠臣孝子，岂必一一求有济哉？势穷计迫，义无反顾，效死而已矣!其济，天也；不济，吾心无憾焉耳。"他把成功与失败都归结于天命，当然免不了唯心，但他对于自己所失去的，总以平常心对待，这就是一种坦坦荡荡的心态。很多时候，只要自己努力过，得到与失去就不再重要，也没有什么怨恨。为人处世，就是这样，假如太在意失去的，自己也就没办法认真地做以后的事情。那些患得患失的人总是将得失放在首位，人活一世，即便得到的东西再多，死的时候也带不进坟墓，这又何必呢？如果失去了，那就学会放下，不要看不开，这样我们才能收获轻松的心情。

战国时期，长城边上有个养马的老头，大家都叫他塞翁。有一天，他的一匹马丢了，面对邻居们的劝慰，塞翁笑着说："丢了一匹马损失不大，没准会带来什么福气呢。"果然，没过几天，丢失的马不仅自己返回家，还带回一匹匈奴的骏马。

就在邻居们都为塞翁的马失而复得高兴的时候，塞翁却忧虑地说："白白得了一匹好马，不一定是什么福气，也许要惹出什么麻烦来。"果然塞翁喜欢骑马的独生子发现白马神骏无比，骑马出游，高兴得有些过火，打马飞奔，一个趔趄，从马背上跌下来，摔断了腿。面对邻居们的再一次安慰，塞翁说："没什么，腿摔断了却保住了性命，或许是福气呢。"邻居们觉得他又在胡言乱语，他们想不出，摔断了腿还会带来什么福气。不久，匈奴大举入侵，青年人被应征入伍，塞翁的儿子因为摔断了腿，不能去当兵。后来，他们得到消息，去打仗的青年全部牺牲了，因此，塞翁的儿子躲过了一劫。

塞翁失马，焉知非福。有时候，你以为你失去了，实际上你却得到了最好的东西，人生就是这样。当你为失去而烦恼的时候，你所失去的不仅仅是一份美好的心情，还有可能影响整个事态的发展。相反，如果对于所失去的，你能完全地放下，那么你将获得一份轻松无比的心情。

我们总是生活在得失之间，当一个人处心积虑得到什么的时候，同时也无可奈何地失去什么。因为鱼和熊掌是不可兼得的，我们所需要的就是这种"得不是喜，失不是忧"的情怀，如果我们能明白生命的可贵，那就会明白人生最美的是奋斗的过程，为失去而悲伤，只不过是自寻烦恼。

泰戈尔曾说："曾错过太阳，但我不哭泣，因为那样我将错过星星和月亮。失去了太阳，可以欣赏满天的繁星；失去了绿色，得到了丰硕的金秋；失去了青春岁月，我们走进了成熟的人生。"失去的不能再得到，过去的不能再回来，不如趁机会抓住眼前的一切，珍惜现在所拥有的，说不定我们能收获整个世界。

有一种爱叫作放手

爱情估计是世间最为美妙的东西，因此才会有那么多的人不断地追求与向往。爱情也应该是人世间最美好的一种情感，所以才会让人品味到一种难以言语的幸福。爱情应该有超强的磁力，所以人们不惜耗尽一生的精力去追求这种至纯至美的爱情。

曾经有一个男人，英俊潇洒，按部就班地生活，他原本的生活很平静、很幸福。在他的内心世界里，只有家的温馨。年少时的梦已经在他的心里消失。他很现实，很现实地过着和普通人一样的生活。

有一天，他遇到了她，在网络中遇到了她，一个很安静的她。那个她曾经是他年少时候的梦。于是他们相爱了。爱得很悄然，爱得很真诚，爱得很糊涂，爱得很无奈。就这样悄悄地过了几年，他们因为爱着对方，经常感觉到莫名的痛苦。原来，爱也是痛苦的。他们曾经想过牵手，但是不能，因为他们都有家。他们想过分手，但是不能，因为他们都曾经有年少的那美丽的梦。他们痛苦，他们悲哀，他们感觉到命运的捉弄。因为这样的爱，他们不可以拥有。有时候他们感觉到幸福，因为他们彼此都爱着对方。他们觉得拥有爱，拥有一份真诚的爱恋，很满足。他们有时候感觉到绝望，因为他们不可以在一起，虽然相爱，但是却咫尺天涯。原来爱是这样的一种无奈。终于有一天，他们都感觉到这一点，于是，他们在莫名中，慢慢地让自己消失，消失在对方的视线里。也许他们都顿悟到一点：原来有一种爱叫作放手。无奈中，悲凉中，痛苦中，寂寞中，绝望中，他们分手了。不是因为不爱，而是因为深爱着。

的确，能够放手的爱也是美丽的。不能拥有的爱，就放手吧，不能得到的爱，就让爱放手吧。只要你曾经拥有，曾经幸福过，你的人生就是幸福的。

然而，一个人失恋不可怕，可怕的是失去自己，没有勇气重新开始。一个为爱而自怜伤叹、每晚伤心抽泣的人，到头来只能赢得他人的耻笑，而不是同情！

任何人，只有结束不适合自己的恋情，才是一种解脱，才能给自己机会，重新寻找新的幸福。

他是一名大学教师，已经三十好几的他，还没有找到对象，家里急了，他自己也急了，于是，在朋友的介绍下，他认识了在某事业单位工作的她，见面之初，他们都对彼此的谈吐很中意。很快，在亲朋好友的祝福下，他们结婚了。

但真当他们成为夫妻后，才发现彼此在很多问题上存在很大的分歧，于是，他们经常吵架，家里没有哪一天是安宁的。最终，刚结婚半年的他们，就决定离婚。但令周围朋友奇怪的是，离婚后的他们反倒关系好了，彼此间遇到什么麻烦事，对方总是出手相助。他开玩笑地和朋友说："可能是婚姻束缚了我们吧。"

的确，正和故事中的男女主人公一样，当爱情不存在的时候，如果我们还死死抓住，不肯放手，那么，只能伤人伤己，而适时放手，则是一种解脱。因此，分手，失恋，都不必太在意，因为昨天即使再美好，也必将成为过去，今生还有很长的路要走，更重要的是过好今天，把握明天；又不可能不在意，毕竟经历过、付出过、期待过、追求过，也曾经拥有过。

许多人会在恋爱中迷失自己，找不到自我，甘心付出很多，结果却是一败涂地。如果说杰克死后，露丝也跟着沉到海底，那么就没有那感人至深、赚了观众无数泪水的泰坦尼克号。爱情的意义不是让一个人为另一个人牺牲，而是两个人共同付出，彼此幸福。你最需要的是从童话中走出来。

曾经的美好请深埋心底

生活就如登山，我们必须带上足够的行李，否则路途难免寂寞，饥渴难耐的时候也无以补充体力；生活恰如登山，我们必须削减自己的行李，不然我们的旅程就会过于劳累，使我们难以坚持到最后。那么，如何削减行李呢？人生的路上，我们需要遗忘。不仅遗忘那些使我们伤心的事情，也遗忘那些过往的美好。只有适时地忘记过去，我们在人生之路上才能够轻装上阵，轻松地欣赏沿途的美景。

记忆是美好的，使我们能够回想起曾经的幸福点滴；记忆也是残酷的，它使我们沉迷于过往，不愿意面对现在和未来。虽然大多数时候很多事情是不能遗忘的，但是有些事情是必须要遗忘的。都说美好的事情是记忆中的珠贝，是需要我们牢记的，那么为什么又要我们学会遗忘那些过往的美好呢？试想，假如你曾经与一个女子相遇、相识、相知、相爱，后来又因为一些原因而不得不分开，那么，此时此刻你最需要做的是什么？是沉浸在与前女友的甜蜜之中吗？不是，你首先要学会忘记。回忆无法支撑你走过漫长的人生，你必须开始新的生活，去全身心地投入一段新的感情。假如此时你总是念念不忘前女友的好，处处将现任女友和前女友放在一起比较，那么对现任女友是一种极大的不公平，对你的人生和未来也有利而无害。有些事情我们要牢记，有些事情我们要学会忘记，不能忘记的，就请深埋在心底，永远不再提起。

张超失恋了。他和女友是大学同学，大学毕业后又留在同一座城市打拼。也许是青春的单纯和青涩渐渐退去，大学毕业一年多后，女友变得越来越现实。她常对张超说："咱们俩都是外地人，在这座城市没有根。"很快，她就和张超分手了。虽然女友因为物质等方面的原因和张超分手，但是张超丝毫不怨女友，毕竟他们一起走过了人生最美好的几年，从校园到社会，有太多太多的幸福甜蜜与酸甜苦辣可供回忆。

后来，身边的很多同事、朋友都张罗着给张超找女朋友，但是张超始终没有答应。他忘不了女友，忘不了他们曾经在一起的欢声笑语。走在这个城市，处处可见他们的身影，随时能听见他们曾经的窃窃私语。几年过去了，张超已经迈向而立之年，但是婚姻的事情却始终没有进展。父母着急了，几次三番地给张超打电话，张超好不容易才答应父母再找女朋友，一切重新开始。很快，张超通过朋友介绍认识了小米。小米是个很好的女孩，她不嫌弃张超没有本地户口、房子、车子。小米总是说："咱们还年轻，只要努力，一切都会有的。"面对小米，张超突然很感动。然而，相处了一段时间之后，小米却提出分手。当初介绍他们认识的朋友不明就里，问小米为什么，小米说："我可以接受他在物质上很贫穷，和他一起为未来奋斗，但是我不能容忍他每天都想着前女友。你知道吗？每次我们去某个地方玩，他总是告诉我他什么时候曾经和前女友来过这里，玩得多么高兴。我不愿意始终有个人横亘在我与他之间。"听到这里，朋友恍然大悟，张超始终没有忘记过去，没有从过去中走出来。朋友狠狠地说了张超一顿，看着决然离去的小米，张超也意识到自己这样沉迷于过去最终毁的是自己的未来。

假如张超始终无法从与前女友有关的记忆中走出来，没有任何一个女孩会心甘情愿地留在他的身边。爱情是宽容的，爱情使女孩义无反顾地与自己深爱的人在一起，而不在乎世俗的偏见，不在乎对方的一切一切。但爱情同时也是自私的，容不得另外一个女人的身影时隐时现地出现在爱情之中。

爱情有的时候很坚固，海枯石烂心不变；爱情有的时候也很脆弱、自私，容不得一粒沙子。爱，需要全心全意，需要毫无杂念，需要彻彻底底。

爱一个人，就要全身心地投入，爱情是掺不了假的。

第 11 章

善待自己，因为你就是独一无二的自己

　　生活已经够苦了，哪怕遭遇失败，哪怕痛苦万分，也要记得善待自己，因为你才是独一无二的自己。这个世界上，你作为特别的存在，没有谁可以替代，所以在前行的路上一定要带着自信。

战胜自我，做生活中的强者

这个广阔无垠的大地上，生存着性格迥异的不同人群。有人自卑怯懦，也有人自信满满；有人自负自大，也有人自立自强……每个人都是不同的个体，独一无二的存在，不可能完美，但是每个人身上却散发着不同的闪光点。对于自己来说，要有一个合理的定位，不要自傲自大，但也不要自卑堕落。我们要懂得经营自己的长处，不要揪住自己的短处不放。完善自己、相信自己，这样才会收获最美的人生。

自卑的人，往往拿别人的长处来比较自己的短处，把自己看得一无是处，总以为自己比不上人家。反而对自己的内心造成巨大的心里障碍，时而把自己封闭起来。他们缺乏做人的勇气，不敢直面人生，遇到挫折就一蹶不振。如果这样的事情一直恶性循环的话，多少希望、前途都将毁于一旦。所以，我们必须战胜这种心理问题，战胜自我，要做个生活中的强者。

自卑使人萎靡不振，自我灭亡；自负使人自以为是，不听取任何人的建议，不思进取；唯有自信、自强，才能不断超越、不断前进。因此我们要自强自信，只有这样，我们才会在自己的人生道路上越挫越勇、努力前进。

合理定位自己，实现自信人生主要从以下几点来考虑。

1.认识自我，了解自我

"我们最大的敌人不是别人，而是自己。"我们自己常常成为自己成功最大的绊脚石，很多时候，我们失败了，其实究其主要原因并不是其他方面，最主要的原因往往来自我们自身，是我们自己拉了自己的后腿。要让我们不拉自己的后腿，就必须认识自我、了解自我，认清自己的优点和缺点，充分利用自己的优点，避开自己的缺点，改正自己的缺点。

2.善于发掘自己的长处

每个人都有长处和短处，就拿学生的学习来说，如果一门科目学习得很好的话，自然对自己有了信心，其他科目也会受其影响有显著的进步。例如，有的同学数学不好，但乐感强，听到一首歌之后，很快就能把音调记下来，起初可能是喜欢这首曲子，又因记忆好，同时对音乐的节奏和音调有极灵敏的感受力，因此不费力就能背下来，若能意识到自己这一优点，这位同学就能恢复他曾经失去的自信心，不只在唱歌方面，对其他学科也会产生兴趣。由此可见，当对自己的学习失去信心的时候，更应该要发掘自己的其他特长，以找到恢复自信的机会。

3.建立自信

没有自信，就算身上处处都是闪光点，估计自己也不会看明白。建立自信是挖掘自身长处的一个重要前提。建立自信的具体方法：首先要敢于挑前面的位子坐。你是否注意到，无论在上课、开会或各种聚会中，后排的座位是怎么先被坐满的吗！大部分占据后排座的人，都希望自己不会"太显眼"。而他们怕受人注目的原因就是缺乏信心。坐在前面能建立信心。把它当作一个规则试试看，从现在开始就尽量往前坐。当然，坐前面会比较显眼，但要记住，有关成功的一切都是显眼的。其次要练习正视别人。一个人的眼神可以透露出许多有关他的信息。某人不正视你的时候，你会直觉地问自己："他想要隐藏什么呢？他怕什么呢？他会对我不利吗？"不正视别人通常意味着：在你旁边我感到很自卑；我感到不如你；我怕你……建立自信从点滴小事开始，从身边做起，加油吧。

不要处处比较，为自己平添烦恼

科南特说："垃圾是放错了位置的财宝，对哈佛大学来说，重要的不是出了7位总统和30多位诺贝尔奖获得者，而是让进哈佛的每一颗金子都发光。"在这个世界上，每个人都是独一无二的，你可能就是那颗等待发光的金子。然而，在现实生活中，一些人总是处处与他人比较，觉得自己不如别人优秀，似乎这辈子自己真的一事无成。事实上，对于我们每一个人来说，命运是公平的，每个人都有自己的价值，这是容不得怀疑的，我们所需要的做就是欣赏自己，认清自己的价值。比较，它所带给我们的只是失落、沮丧、烦恼、生气，更为关键的是，比较之后，我们会变得不自信，开始怀疑自己的能力，甚至会变得自暴自弃。所以，不要处处比较，为自己平添烦恼，其实，我们就是那独一无二的"宝藏"。

爱默生曾说："你，正如你所思。"每个人都梦想着成为最优秀的那一个，事实上，我们真的可以成为那样的人。没有谁能够保证你不能成功，既然没有办法否定这一事实，为什么不试一试呢？相反，如果在你的生活中，总是习惯与别人比较，不敢相信自己，逐渐忽略自己、迷失自己，或许，未来的你将会一事无成，而且，有可能你的余生将在烦恼和抱怨中度过。

比较的根源是不自信，因为不自信，所以才想通过比较来找回自信，可是，大多数人在比较中不仅没能找回自信，反而变得自卑。甚至，在比较的过程中，当他们意识自己远远不如别人的那一刹那，他们的心中是充满怨气和愤怒的，最后，他们只能成为庸庸碌碌的人。智者与庸者的差别在于，智者从来不与他人比较，他们相信自己就是永远的独一无二；而庸者总是沉迷于比较游戏中，他们在比较中丢失自我，满腹怨气，最后，他们成为平庸的人。

每个人都是一座宝藏，在我们的内心有着无限的潜力和能力，不要去比较，而是通过不懈的努力来挖掘自己的宝藏，其实你就是独一无二的那一位。

自己喜欢就好，不需要让所有人都满意

有人抱怨："每天活得好累，好像一刻都没有轻松过。"现代社会，越来越多的人开始抱怨自己活得很累，不是工作累、吃饭累、睡觉累，而是"活得"太累。难道，每天的生活真的那么累吗？如果我们只是在做自己，怎么会感觉到累呢？心理学家认为，一个人若是遵从内心的感受，选择自己喜欢的生活方式，他是感觉不到累的。那么，我们所感觉到的累是怎么回事呢？大多数人都有这样的经历：上学的时候，父母总是指着隔壁的孩子说："瞧瞧人家，成绩多优秀，你得向他看齐。"大学毕业了，父母长辈都说："还是当个老师，或者考公务员，这才是铁碗饭，其他的都不是什么正当的工作。"工作的时候，上司总是告诉你这样不对，那样不对。我们生活的最初点，似乎都是在讨好所有的人，而从来没有讨好过自己。

小资是一名歌手，以前，她也有过抱怨的时候。每次上节目，她都会抱怨："自己太辛苦，实在受不了压力太大的生活，有时候，为了讨好歌迷、媒体，我一年发行两张专辑，但是，自

己又想把工作做得更好，这样的工作量简直令我崩溃。"以前的工作时间安排得很紧，如果白天上通告、做宣传，晚上还要去录音棚完成下一张专辑的录制，这样的生活超出了小资可以承受的范围，每天，她都感觉到很累，但是，心中的怨气却无处诉说。最后，在内心快要崩溃的时候，她选择退出歌坛。

在 4 年的休息时间里，小资一直在做自己喜欢的事情，她说："以前大家都是看我怎么变化，现在我是用自己的脚步来看大家的改变。虽然，现在，我年纪大了，似乎变得老了一些，但是，年龄并不是我能掩盖的东西，我也想永远年轻，但是，却懂得这就是时间给我的礼物。在我成长的过程中，我得到的最大一份礼物是不用费劲去证明，只需要做自己喜欢的东西，跟着自己的步伐，在以后的时间里，如果我能完全坚持自己的选择，那就是最好的生活。"或许，年龄对于小资来说，似乎大了一些，但是，这样一个年龄，正是不需要讨好任何人的时候。最近，小资复出了，在工作上，她已经与唱片公司达成一致意见，不需要拿任何事情炒作新闻，同时，不需要为了赢得名气而故意报唱片的数字，自己可以自由自在地唱歌，这是小资最喜欢的一种状态。

她这样告诉所有的媒体："我不需要讨好所有的人，我只需要做自己喜欢的事情。"然而，就是这样一句话，令所有的媒体工作者既羡慕又嫉妒，因为，对于媒体工作者，他们的工作就是在讨好所有的人，从而将自己的委屈和自尊放弃。每天，都有许多人为了人际交往，为了生存而讨好他人，他们在这样的过程中感到很累，甚至，感觉到心力透支。到底是为了什么，我们需要对身边所有的人尽力讨好呢？

王娜是同事们公认的"好人缘"，或者说，她是一个从来不唱反调的人，在任何时候，她的观点都与大家一样。在办公室里，一个东西，只要是同事们都说"这个东西真的很好"，她就会随声附和"真的很好啊"；一件衣服，同事们都说漂亮，她也会表示同意"颜色十分好看，款式也很新颖"；一份策划案，大家都说不错不错，她也会承认"设计比较独特，很不错"。于是，只要王娜在办公室，大家都喜欢问她的意见，虽然从来都知道她不会说一句反驳的话，但是，大家似乎养成了一种习惯，凡事都希望王娜能够说两句好听的话。这可给王娜带来许多烦恼，每天，为了应付那些同事，总说"好啊，这个好""不错，不错"，即使心里面觉得这个东西真的不咋样，但是，为了赢得一份"好人缘"，以免得罪同事，王娜还是满脸笑容地说："我觉得很不错。"

可是，每天回到家里，王娜就开始抱怨："真累！搞不懂那些同事是什么欣赏眼光啊，明明那个东西没有什么用，偏偏宝贝得不得了；一件过了季的衣服，还说漂亮；策划案完全是抄袭网上的一篇文章，大家都称赞得不行，为了应付他们，每天真的好累！"同居的好友张莉笑着说："既然累，干吗不做回自己，说自己喜欢的话，做自己喜欢的事情？干吗搞得自己这么累，我就从来不说违心话，得罪了他又怎么样？我还是照样工作。"王娜叹息着："唉……"

对此，一个公认的"好人缘"却有一肚子苦水需要倒："每天，我觉得都不是自己在生活，而是为别人在活，为了讨好他们，我把自己喜欢的一切都放弃了，最后，他们还是不满意。白天，戴着微笑的面具，晚上回到家，没有人愿意分担我的烦恼。我感觉到内心有股气，它在不断地积累、膨胀，我害怕有一天自己会崩溃。"在日常交际中，与他人建立良好融洽的关系是极其重要的，但是，却不能以放弃自己的喜好为代价，我们并不需要讨好所有的人，有时候，保持自己的个性，往往会令我们有意外的收获。

在日常生活中，我们都会羡慕那种所谓的"好人缘"，似乎每个人跟他都能聊到一块去，更关键是，他所说的每一句话、所做的每一件事，都是按照大家的心思而来的，他没有理由不会受到大家的喜欢。在公司，上司说这个方案不行，他一句话不说，马上改成上司喜欢的方案；挑剔的同事说"你今天的打扮好像不太和谐"，第二天，他就真的换了一套同事认可的服饰；在家里，爸妈说"你新交的对象没有固定的工作"，他就真的决定分手，重新找一个能让父母满意的伴侣。在这个过程我们都会发现，自己不过是在讨好身边的人而已，我们逐渐失去了自己的生活。

我们要懂得这样一个道理：你不需要讨好所有的人，只有自己喜欢才是最重要的，因为，你所过的生活没有任何人来分担你的烦恼、愤怒。

调整情绪，懂得接纳生气的自己

华盛顿·欧文说："气度狭小就被逆境驯服，宽宏大量则足以把逆境克服。"因此，我们在生气时不要否认、压抑、生闷气，要懂得接纳并调整自己的心情。在日常生活中，我们常常会说到"发脾气"和"生闷气"，这两者有什么区别呢？发脾气，是指用语言、动作等显性行为将那些对某人或某事不满的情绪发泄出来，这是生气时的外在表现；生闷气，是指将那些不愉快的情绪压抑在心里，不外露，也就是赌气，其实，这就是生气时的内在表现。虽然，我们从表面上看，无论是"发脾气"还是"生闷气"都是生气，但是，它们的表现方式却大有不同。由于表现方式的差异，将直接导致其后果的不同，或许，有人认为发脾气会伤了彼此的和气，但是，如果我们发泄的前提是为了对方好，伤了和气又怎样呢？

有一位被大家公认"好脾气"的人这样说道："其实，每次看到令我感觉不好的人和事，我内心都相当的生气，但是，我极力克制自己，不断告诉自己'要保持自己的形象，千万不要发脾气'，结果，每一次我都忍耐下来，可是，时间长了，我发现，由于心中闷气的郁积，我的脾气越来越大，一点小事就可以让我的情绪变得无比激动，可又不好当面发作，常常是事情过去以后，我就气得砸东西。虽然，我是公认的'好脾气'，但是，好像我已经陷入恶劣情绪的旋涡。"也许，总有一天，这位"好脾气"先生会忍不住爆发，而到那时他自己也成为闷气宣泄的陪葬品。

小萌刚刚大学毕业，尚不懂得如何讨上司欢心、如何恰当处理同事关系。但是，当她找到第一份工作的时候，父亲这样告诉她："丫头，公司不比家里，在家里，我和你妈妈都会让着你，你生气了可以砸东西，大哭，甚至大骂，但是，在公司是绝对不行的，凡事需要忍耐，这样你才能赢得上司和同事的喜欢。"小萌点点头，踏着欢快的脚步走进了公司大门。

可是，两个月不到，小萌的脚步就变得无比沉重。似乎自己在公司真的做得很好，大到公司老总，小到清洁阿姨，都对小萌十分喜欢，因为小萌的脸上时刻挂满笑容，从来不生气，从来不指责谁。同事都忍不住夸赞小萌："你的脾气真好，刚才这件事明明是主管自己疏忽了，他那样责骂你，你还是以笑面对，换了是我，早就和主管对骂起来了。"小萌笑着点点头，心里在想：我的脾气也不好啊，当时，我就想拿着文件朝他脸上砸去。可是，这毕竟是公司啊，不是在家里，这里不是自己撒野的地方。

于是，这样每天都需要伪装笑脸、强忍怒火的日子，让小萌感觉到很累，每次回到家里，小萌都忍不住发泄一番，心中的苦闷不知道向谁诉说。终于，在难忍之下，小萌拖着疲惫的身子走进了心理咨询室的大门。

其实，人生在世，我们难免会遇到一些不顺心的事情，哪怕是一家人，也免不了"锅碗碰瓢盆"，于是，有人会生气、发牢骚，这是很正常的。在生活中，看不惯某些人和事，偶尔闹点情绪，埋怨，指责，这都不足为奇。而最不能让人接受的一种状况是，不声不响将不满情绪憋在肚子里生闷气，而且，生闷气是一种极坏的生活习惯，不仅消耗自己的精力，而且，还会引发疾病，影响身心健康。三国时期，周瑜一个人生闷气，结果白白断送了自己的性命，这说明喜欢生闷气的人能力不够强，不善于调节自己的情绪，在一定程度上缺少谋略。

当然，生气、发怒并不是一件坏事，毕竟人有七情六欲，总不能强行压抑，这样怒气就会变成闷气，反而容易爆发崩裂。如果能够释放心中的怒气，发泄不满情绪，解除烦闷，反而使身心轻松愉快。在某些时候，该发脾气就发脾气，不需要压抑自己的情感，因为不适当的压抑，就有可能形成生闷气的习惯，结果会适得其反。不过，生活中的我们应该少生气，不能常生气，如果真的到"怒不可遏"的地步，那就干脆痛痛快快地发泄出来，这样有利于情感的释放，有益于身心健康。

一些国外专家研究表明，发脾气比生闷气好。虽然，在大多数人看来，发脾气有损自己的修养和形象，似乎是一件伤大雅的事情。但是，科学家却对此公布了一项研究结果：当人感到气愤而想发脾气时，如果能够及时宣泄出来，有利于自己的身体健康。其实，生闷气对我们的身体有极为严重的伤害：一方面，经常生闷气不利于心脏的健康；另一方面，也会影响我们身体免疫系统的正常工作，从而引起大脑内的激素变化。对此，专家建议，与其闷在那里自己和自己生气，不如宣泄心中的不满情绪，接纳生气的自己，努力调整自己的情绪，这样会更有效地减少外界环境对人所产生的不利影响。

大量事实证明，人与人之间的关系并不如想象中的和睦，如果有什么不开心的事情就一味地生闷气，对方就永远不知道你的真正情绪是什么，而且，生活中多一些吵闹也并不一定是一件坏事。

激励自己，让自信成为习惯

自信，是一种对自己素质、能力做积极评价的稳定的心理状态，即相信自己有能力实现既定目标的心理倾向，是建立在对自己正确认知基础上的、对自己实力的正确估计和积极肯定，是自我意识的重要部分。自卑则主要表现在认知上不欣赏自己，看不到自己的优点，不相信自己的能力，甚至贬低自己，以至于面对别人的肯定和赞扬时也可能不知所措，不能坦然接受；行为退缩，因为害怕犯错误或遭遇失败而不敢做事，与人交往时显得被动，等等。

人的自信是一种内在的东西，需要由个人来把握和证实。所以，在建立自信的过程中，一定要学会自我激励。例如，在你遇到重要的事情，需要鼓起勇气来面对时，你可以说："造物主生我，就赋予我无穷的智慧和力量，凡事都能做。"这样可以增强自己的信心，激发自己内在的力量，从而成功地达到目的。当然，这种激励只是一种临时的办法，要想长期在自己的内心建立自信，就需要不断地激励自己，直到形成习惯。

很多作家、艺人在未成名之前受到过冷落和轻视，但是有自信的人能够看淡这一切，继续走自己的路。不经过一番努力，没有人能获得成功；"天下没有免费的午餐"，天下没有"不劳而获"的事情，重要的是，要有自信，并且相信自己。

畅销书作家刘墉曾有过这么一段经历：

在第一本书《萤窗小语》写完之后，刘墉原本打算找出版社出版，却没有得到任何回应。后来，他不得不花钱出版，没想到的是，他的书却卖得很火，令当初拒绝他的出版社大跌眼镜。

对于自己的成就，刘墉是这样说的："幸亏他的退稿，我才有今天。"他还说："当你站在这个山头，觉得另一座山头更高更美，而想攀上去的时候，你第一件要做的事，就是走下这个山头。"所以，虽然今天的刘墉已经很成功，他也没放弃自己所坚持的，也不会因别人的眼光而改变，这才是真正的自信。

的确，无论任何时候，唯有自己相信自己的才华，别人才可能相信你。自己不放弃，别人又怎么能放弃你呢？

华裔女主播宗毓华曾说过："不要怀疑自己的才华。"她之所以能够以华裔女子的身份跻身于人才济济的美国电视圈，受到大众的肯定和喜欢，就是凭借她的才华和自信。的确，只有自己相信自己，才能在挫折连连的时候努力走出自己的路，不因别人而放弃自己。没有任何人可以放弃你，除非你先放弃自己。

自信心的积累需要一个过程，任何人并不是在刚开始就能踌躇满志，但无论如何，我们都要相信自己、肯定自己。自信能让我们走上光明路，而相信自己的才华，是拥有自信的开始。

微笑面对，奋勇向前

生活中，很多人因为自己的一些缺点而感到自卑，甚至一蹶不振。他们没发现，如果一个人足够自信的话，这些缺点也是美的。因此，无论何时，我们都要学会对自己微笑，肯定自己，这样才能放松心情。

科学巨人霍金向我们证明：即使你满身缺点，你还有可以引以为傲的优点，这些优点一样可以让你自信。对于那些不能改变的外在缺陷，既不要悲伤，也不要失望，而应该庆幸，那些成功的人并非完人，只是因为他们能微笑地面对。为此，你需要做到如下两点：

1. 发挥自己的长处

人的心里"住"着两种心态：一种是自信，一种是自卑。人们总是在战胜自卑、建立自信的过程中成长的。人无完人，每个人都有自己的长处，所以你在做事的时候，一定要注意发挥自己的长处，避免自己的短处。如果你总是做不适合你的事情，老拿你的短处与别人的长处比，那你很容易产生自卑感，挫伤自信心。

2. 积极暗示

德国人力资源开发专家斯普林格在其所著的《激励的神话》一书中写道："人生中重要的事情不是感到惬意，而是感到充沛的活力。""强烈的自我激励是成功的先决条件。"所以，学会自我激励，就是要经常在内心告诉自己：我相信自己可以做到。如果你的心被自卑掩埋，那么你就输了。有自信，即使面对逆境，也能泰然自若；自信是力量增长的源泉。

没有人是毫无缺点的，只是在我们的内心，这个缺点的份额大小问题。如果我们将缺点无限制放大，它将腐蚀我们内心，阻碍我们成功；如果我们能正视缺点，并在心里把缺点限制在一定的范围内，它就会成为我们努力和奋斗的催化剂，助我们成功。

参考文献

[1] 陶尚芸.静下来，一切都会好[M].北京：台海出版社，2014.

[2] 詹姆斯·艾伦.心静了，世界就静了[M].北京：新世界出版社，2014.

[3] 舒童.心静下来，就闻到了香气[M].青岛：青岛出版社，2016.

[4] 朱莉·泰纳诺伊.让心静下来[M].北京：机械工业出版社，2016.